阅读成就思想……

Read to Achieve

心理成长系列

Extinguish Burnout

A Practical Guide to Prevention and Recovery

倦怠心理学

为什么你什么都不想做，什么都不愿想

［美］罗伯特·博格　特里·博格 ◎ 著　侯祎 ◎ 译
（Robert Bogue）（Terri Bogue）

中国人民大学出版社
· 北京 ·

图书在版编目（CIP）数据

倦怠心理学：为什么你什么都不想做，什么都不愿想 /（美）罗伯特·博格（Robert Bogue），（美）特里·博格（Terri Bogue）著；侯祎译. -- 北京：中国人民大学出版社，2022.5
书名原文：Extinguish Burnout: A Practical Guide to Prevention and Recovery
ISBN 978-7-300-30587-5

Ⅰ. ①倦… Ⅱ. ①罗… ②特… ③侯… Ⅲ. ①心理学—通俗读物 Ⅳ. ①B84-49

中国版本图书馆CIP数据核字（2022）第072216号

倦怠心理学：为什么你什么都不想做，什么都不愿想

[美] 罗伯特·博格（Robert Bogue） 著
　　 特里·博格（Terri Bogue）

侯祎　译

Juandai Xinlixue：Weishenme Ni Shenme Dou Buxiangzuo,Shenme Dou Buyuanxiang

出版发行	中国人民大学出版社			
社　　址	北京中关村大街31号		邮政编码	100080
电　　话	010-62511242（总编室）		010-62511770（质管部）	
	010-82501766（邮购部）		010-62514148（门市部）	
	010-62515195（发行公司）		010-62515275（盗版举报）	
网　　址	http://www.crup.com.cn			
经　　销	新华书店			
印　　刷	天津中印联印务有限公司			
规　　格	170mm×230mm　16开本		版　次	2022年5月第1版
印　　张	15.75　插页1		印　次	2024年4月第7次印刷
字　　数	180 000		定　价	69.00元

版权所有　　侵权必究　　印装差错　　负责调换

推荐序

Extinguish Burnout
A Practical Guide to
Prevention and Recovery

李永鑫

河南大学心理学院院长

侯祎博士的译著《倦怠心理学：为什么你什么都不想做，什么都不愿想》即将付梓，邀我写推荐序。按说，我还不到给人写推荐序的年龄，自认在专业领域的修炼也不到位，不应该答应。但侯祎是我的第一届硕士毕业生，也是我研究工作倦怠的早期合作伙伴之一，于是就想借此机会谈谈我对倦怠研究及其干预实践的几点看法。

诚如美国心理学家克里斯蒂娜·马斯拉奇（Christina Maslach）教授所言，倦怠（burnout）是一种精疲力竭、愤世嫉俗和自我效能感丧失的状态。关于倦怠的早期研究主要聚焦于工作领域，因此倦怠之前也经常被冠以"工作"一词，即工作倦怠（job burnout）。通常，在不加特别标注的情况下，倦怠指的也就是工作倦怠。随着研究的进展，学者们逐渐认识到，倦怠并不仅仅与工作有关，而是可能发生在能够给予人们价值和意义感的所有领域。随后，就出现了"婚姻倦怠"（marriage burnout or couple burnout）和"学业倦怠"（school burnout or learning burnout）的说法。进入 21 世纪，随着养育领域的一系列社会变化，学者们又提出了"养育倦怠"（parental burnout）一词。

就工作倦怠而言，在过去的近 50 年中，学者们围绕该主题的研究取得了一系列的进展。最近发表在《国际环境研究与公共卫生》（International Journal of Environmental Research and Public Health）杂志上的一篇文章《倦怠：理论与测量综述》（Burnout: A Review of Theory and Measurement）就针对工作倦怠的概念与发生、引发倦怠的各种变量及个体因素的调节作用、倦怠对于个体和组织的影响、可能用于预防的各种策略和可用于倦怠测量的各种工具进行了较为全面的介绍。

然而，囿于各种原因，与理论与实证研究所取得的丰硕成果相比，关于工作倦怠预防、干预和康复的实践探索却是极其有限的，这一方面无助于与工作倦怠相关的各种职场现实问题的解决，另一方面也限制了工作倦怠学术研究成果的应用与推广，进而制约了围绕该主题的科学研究的进一步推进。基于上述认识，我们来看罗伯特·博格和特里·博格撰写的《倦怠心理学：为什么你什么都不想做，什么都不愿想》一书，其理论与实践价值都是不言而喻的。

该书在对工作倦怠概念进行介绍的基础上，通过浴缸模型和感知模型通俗易懂地说明了工作倦怠的作用机制，并进而介绍了一系列关于康复与复原力的技能和方法。我想补充的是，这些内容不仅对于工作倦怠的预防和康复有帮助，鉴于各种倦怠类型在症状上的相似性，相信这些内容也将很有希望拓展到婚姻倦怠、学业倦怠和养育倦怠的预防和康复实践之中。

让我们远离倦怠，拥抱美好！

译者序

Extinguish Burnout
A Practical Guide to
Prevention and Recovery

在心理学研究文献中，"倦怠"一词最早出现在20世纪70年代，用于研究个体在工作中体验到的情绪耗竭、动机丧失、身体疲惫等一系列负性症状。之后，由于它与人们工作生活的紧密关联，因此成为组织行为学和健康心理学的热点研究领域。

我个人最早接触倦怠这一主题是在2003年攻读应用心理学硕士的时候，我的导师是当时国内研究倦怠的主要专家之一李永鑫教授。在他的影响下，我最终选择以《法官工作倦怠及其与相关因素的关系》作为学位论文题目完成了硕士论文。一晃近20年过去了，我也一直在关注该领域的发展。稍加留意，我们每个人都可以非常清楚地看到，倦怠在人群中并没有消失，反而随着社会的发展、生活与工作压力的增大，对人们的影响不减反增。相关研究证实，倦怠不仅仅会影响人们的心理健康，导致人们的工作绩效下降，还会对人们的生理健康及生活状态产生不良的影响。倦怠研究领域的著名心理学家克里斯蒂娜·马斯拉奇曾指出，工作倦怠已经成为追求美好工作和生活的严重障碍。如何预防和克服倦怠，已成为我们许多人需要面对的难题。

经过近 50 年的相关研究，在倦怠领域已经积累了许多有价值的研究成果，但要想将这些学术研究成果有效地传递给大众，使大家了解倦怠、重视倦怠、懂得如何应对倦怠，还迫切需要一本既科学又通俗易懂的指导手册。非常幸运，我能够有机会受托对《倦怠心理学》一书进行翻译。该书整合了大量关于倦怠的学术研究成果，并用通俗的语言娓娓道来。通过阅读本书，你不仅可以了解什么是倦怠、倦怠的运作机制，还可以了解倦怠的相关影响因素，以及消除和预防倦怠的实操方法，相信在掌握了应对倦怠的方法并且勤加练习后，无论是在工作中还是在学习和生活中，你都能更有效地抵御倦怠的侵蚀，拥有更高的生活质量。

受水平和时间所限，译稿中难免有错漏之处，诚请同行专家及读者不吝赐教，以便修订时予以完善。

献词

Extinguish Burnout
A Practical Guide to
Prevention and Recovery

谨以此书献给我们的家人。

虽然特里和父亲弗里茨在一起生活的时间并不长，但是在她的内心深处却与父亲保持着持久的情感联结。长大后，有关父亲的故事及点滴记忆融合在一起，成了特里一生都可依赖的守护天使。特里是由母亲卡罗尔独自抚养长大的，在罗伯特出现在特里生活中之前，母亲一直是特里的忠实粉丝。在特里的成长过程中，母亲卡罗尔给了特里坚定不移的爱，并给她灌输了"一切皆有可能"的信念。这些信念使特里勇于追逐并超越自己的梦想。弗里茨和卡罗尔不仅用爱为特里的人生奠定了基础，并且这份爱超越了他们的生命。

罗伯特的父亲老罗伯特，非常痴迷于创造性的工作和探究事物的运行规律，这对罗伯特产生了非常大的影响。罗伯特的母亲嘉莉则不断地鼓励他勇于挑战。每当罗伯特通过努力掌握了相关知识并领悟到父母教诲的真谛时，母亲都会为他加油鼓劲。除了遗传因素的影响之外，罗伯特取得的成就与父母对他的影响有很大关系。

我们的经历塑造了我们，因此我们也想努力成为我们孩子的榜样。但不知何故，孩子们敢于去冒险，并找到了挑战我们的方法，这迫使我们不断成长并适应新的挑战。在这一挑战中，我们从孩子那里学到了避免倦怠的新技能，或者说至少让我们认识到需要不断发展新技能，从而避免倦怠。我们永远感谢孩子们给予我们的爱与奉献。希望本书能够帮助每个人避免倦怠，过上充满激情和快乐的生活。

前言

Extinguish Burnout
A Practical Guide to
Prevention and Recovery

本书的撰写一方面是因为我们自身有这方面的需求，另一方面也是在机缘巧合下促成的。首先，跟大家介绍一下我们的生活状况。我们抚养了七个孩子，经营了三条业务线，有一项已经申请了两年半但仍未申请下来的专利，以及多个卡在不同阶段的未完成的项目。诸多事务让我们深陷其中，苦苦挣扎。

虽然我们所处的环境各不相同，但我们很多人都面临着如何避免倦怠这一挑战。盖洛普咨询公司的报告显示，仅有 33% 的员工能够全身心地投入工作，约 66% 的员工会在工作中感到倦怠。美国医生基金会（Physicians Foundation）2018 年的报告称，有 78% 的医生存在着不同程度的倦怠感。美国医疗保健改善研究所（The Institute for Healthcare Improvement）则表示，如果用临床或公共卫生术语来描述医疗保健行业中的职业倦怠情况的话，倦怠可以被称为流行病。

投入与倦怠

当下,绝大多数公司的员工对工作的投入程度相当低下。如果按照评级标准进行评定的话,几乎所有的公司都是失败的。然而,员工从不敬业到敬业的路径并不很清晰。可以肯定的是,针对员工的年度调查数据显示,员工们并不快乐,但目前尚不完全清楚如何解决这一问题。也许增进和改善员工之间的交流可能会有所帮助,比如说在休息室放些免费的饮料或零食,抑或在公司辟出一个咖啡间,但这些做法真的能解决问题吗?在通常情况下,上述做法只能在一定程度上改善问题,但却无法从根本上解决投入的问题。其实,员工们并不想脱离组织,而是陷入了倦怠的困境之中,从而无法全身心投入到自己的工作或生活中去。倦怠和投入是相反的两极。一旦人们倦怠了,他们根本无法对所在的公司或对所从事的工作感到兴奋。

倦怠往往呈现为一种持续的状态,我们每个人都处在这一状态的某个阶段。本书将教你如何一步步减少倦怠感,更多地投入到生活中去。

倦怠是可以被消除的

改善工作投入不足的关键不在于制定新的休假政策,而在于消除员工的倦怠感。倦怠感可以从生活的一个领域渗透到另一个领域,即使倦怠不是由工作引起的,也会对工作效率产生影响。因此,无论员工的倦怠来自工作、家庭还是来自社会,想要提高员工的工作投入,关键是要帮助他们避免倦怠和消除倦怠。

在倦怠的诊断方面,马斯拉奇倦怠量表(the Maslach Burnout Inventory,

MBI）以及近期推出的哥本哈根倦怠量表（the Copenhagen Burnout Inventory, CBI）都可以对倦怠进行很好的诊断。然而，诊断不同于治疗，消除倦怠才是我们撰写本书的目的。因此，本书没有给你提供诊断倦怠的方法，而是教给你一套可以消除倦怠的模型和技能。

我们不会给你贴上倦怠与否的标签，而会解释倦怠是怎样的一种持续状态，以及为什么说我们都处于这一状态的某一阶段。本书将教你学会如何消除倦怠感，更多地投入到生活中去。

模型与方法

为了更好地向你阐释倦怠的作用机制，我们会先介绍跟倦怠相关的且互补的两个模型。

第一个模型被称为浴缸模型，它能够解释当你对当下和未来进行考量时倦怠是什么样子。该模型把你的个体能动性比作一个浴缸，它关注的是你的浴缸流入与流出之间的平衡。当你的浴缸空了的时候，你就会产生倦怠。

第二个模型被称为感知模型，它侧重于你对过去的看法，关注的是你如何看待结果的合理性和你已取得的成绩。通过该模型，你可以将你的感知建立在现实上并进行调整。

总的来说，通过这两个模型，你能够知道自己已做的、正在做的和想要做的，是如何影响到你当前的倦怠状况以及未来有多大可能会让你感到倦怠。

这两个模型也为本书后三分之一部分对康复与复原力的探讨奠定了基础，后三分之一的部分介绍的关于康复与复原力的技能与方法，对防止倦怠以及从倦怠中走出来都非常有效。

简洁的写作风格

我们有意把本书的每一章都写得很短，每章都相当于一篇长点的文章的体量，你大概只需要花费 4~6 分钟就可以读完。如果你正处于倦怠的状态，过长的阅读时间可能会让你无法坚持和产生挫败感，而本书的简短性可以为你带来轻松的阅读体验与获得感。

我们希望你能感觉到自己在不断取得进步。即使是在阅读到本书的前三分之二的部分，通过了解倦怠感是如何产生和蔓延的，你实际上就已经开始打造消除倦怠所需的复原力了。

在每一章的结尾，我们都留有一些讨论题——倦怠自救，通过这些问题来帮助你根据自己的经验和生活经历，加深对本书的理解。你可以就这些问题自问自答，也可以进行小组讨论并把自己的答案写在日记本上，还可以只是在脑子里过一下，这些做法都是可行的。如果你是企业的管理人员，正在和你的团队成员一起阅读本书，你们也可以一起讨论这些问题。总之，我们希望这些问题能够帮助你预防倦怠或早日消除倦怠。

致你与你的朋友

我们之所以撰写本书，既是为了我们自己，也是为了亲朋好友。本书旨在帮助所有正在与倦怠做斗争的人，以及对倦怠这个主题感兴趣的人。如果你是一名管理者，那么我们会更加高兴，因为我们希望当你发现身边的员工倦怠时，你可以切实地帮助他们康复，并防止已摆脱倦怠的人再次出现倦怠的状况。

尽管本书撰写的大部分内容都是以学术研究成果为依据的，但是我们希望书的内容通俗易懂，让有着不同背景、不同年龄的人都能读懂。如果你是人力资源方面的专家，本书则是引领你通往消除员工职业倦怠之路的一盏明灯。不管你是员工、母亲、父亲、妻子、丈夫、女儿、儿子，抑或其他什么人，你都可以阅读和了解本书。如果你想进行更加深入的了解，请多留意书中标注的研究笔记。

目录

Extinguish Burnout
A Practical Guide to
Prevention and Recovery

第 1 章　有一种"躺平",叫倦怠 _1
倦怠就像过了火的房子,除了废就是空 _3
手机刷出来的除了空虚,还有倦怠 _4
既无力改变,也不想改变 _5
为什么你看谁都烦,就想一个人待着 _6
摆烂的心态:任由事情往坏的方向一路狂奔 _7
倦怠真的无解吗 _8

第 2 章　"低电量"时刻,倦怠来袭 _11
倦怠的三大表现:精疲力竭、愤世嫉俗和缺乏自我效能感 _13
解决倦怠的最佳方式:浴缸模式 _16

第 3 章 你的能动性取决于你看待结果的方式 _23

高看了结果，只能让你凡事总往坏处想 _25

小看了结果，只能低估自身的价值 _27

时间能治愈的，都是愿意自渡之人 _28

第 4 章 跟感觉舒服的人在一起，就像是在养生 _31

避免倦怠的三大核心支柱：情感支持、物质支持和制度支持 _33

如何平衡家庭、工作和社交圈的精力分配 _36

第 5 章 照顾好自己，才能照顾好别人 _41

自我关怀，为自己赋能 _43

自我关怀从关照自己的身体开始 _44

第 6 章 倦怠是一种心理问题，但不是一种缺陷 _51

改变自我对话的方式，让自我苛责的内部声音彻底消失 _53

你越清楚自己是谁，你消极的自我对话就越少 _58

缓解心理压力的最佳方式：去兑现对自己的承诺 _59

第 7 章 别人虐你千万遍，就不要自己"补刀"了 _63

不当的减压方式只能成为伤己的凶器 _65

用成瘾弥补空虚，只能越来越倦怠 _67

如果你活不过当下，那你就不需要未来 _68

总是重复播放最坏情况，只能于事无补 _70

第 8 章　越内卷，越倦怠 _73

努力透支得越多，你就越力不从心 _75

对自己愿意和能够为他人所做的事情设定好边界 _76

你对自我的要求越多，你就越迷茫 _77

只有双方都受益的支持才是最好的 _78

今天用命挣钱，明天用钱挣命，真的值吗 _79

心理上的疲倦才是最后那根压倒你的稻草 _80

你努力的回报是否超过了你付出的代价 _81

第 9 章　你的感知是如何被扭曲而失真的 _85

唯一能看到自己生活中的好与坏的人是你 _87

你用什么来衡量自己的进步 _91

第 10 章　你该如何看待自己的个人价值 _95

为什么生活在富足年代，你却始终会有匮乏感 _97

不是每件事你都能做到最好 _98

即使创造不了什么价值，你也是有价值的 _99

自尊心太强的人往往更容易倦怠 _100

欣赏自己的好与坏，才能坦然接纳自己 _101

第 11 章　恰到好处的与人相处模式 _103

为什么你多少都能读懂别人的一些心思 _105

放弃自己刀枪不入的幻想吧 _106

如何与他人建立起安全互信的联结 _108

第 12 章　整合自我形象，获得内在力量与复原力 _113

以千面示人到底好不好 _115

不能改变现实，但可改变你对现实的看法 _120

第 13 章　过属于自己的生活，而不是别人期望你过的生活 _125

越清楚想要得到什么，你越不会倦怠 _127

人生尽头，不要因有想做而没有做的事情懊恼不已 _130

多问"为什么"能帮助你发现你真正想要的 _132

目标的偏差也会导致倦怠 _134

第 14 章　目的和意义能让你感到无论成败，奋斗都是值得的 _137

学不进去，玩不痛快，睡不踏实，浑身不得劲，是你吗 _139

找到人生意义，无论伟大或卑微 _143

第 15 章　不做那个一遇到挫折就很想逃的小孩 _149

人大都为两种阻碍所累："永远不"的想法和耳边的声音 _151

恐惧、身份不确定、苛责自己和不知足 _153
克服内在阻碍，提升自我效能感 _156

第 16 章 **复原力可以让倦怠更难控制你 _159**
让努力装满你的能动性浴缸 _161
找到培养幸福感的复原力 _163

第 17 章 **吃不了改变的苦，就得认平庸的命 _171**
找到一个你自己和他人都能接受的变化速度 _173
既要考虑对进步的需求，还应该体谅他人的感受 _176
耐心等待你想要的东西，可以收获意想不到的机会 _179

第 18 章 **心中有希望，未来就可期 _183**
把希望当作一种思维模式，而不是情绪 _185
意志力和方法力是希望的必要条件 _187
希望能让你接受今天的痛苦，相信明天的不同 _191

第 19 章 **学会尊重失败，而不是害怕失败 _195**
失败永远不是终点 _197
事情失败了，不等于人失败了 _199

失败和成功一样有价值 _200

为什么在朋友圈看到的都是光鲜亮丽的一面 _201

失败是你最好的学习方式 _201

失败帮助你成为想要成为的人 _202

第 20 章　把压力当垫脚石，而不是绊脚石 _205

压力是导致倦怠的罪魁祸首吗 _207

减少压力带来的消极影响，避免倦怠 _210

第 21 章　你影响不了整个世界，但足以改变一个人的世界 _215

试着了解他人的观点才能多角度看问题 _217

消除自己与他人的观点之间的盲点 _218

无法给这个世界真正地留下什么，也不失为一种洒脱 _219

第 22 章　超然于世，而不是脱离遁世 _223

脱离意味着退出生活、对他人漠不关心 _225

所有的执念只会带给你痛苦 _226

世事无常，把一切放到时间的长河中去看 _227

为他人的生活添砖加瓦，就是在帮助你避免倦怠 _228

参与其中，但不必在意结果 _228

你不必为你不能控制的事情负责 _229

第 1 章

有一种"躺平",
叫倦怠

Extinguish Burnout

A Practical Guide
to Prevention
and Recovery

要想知道怎么防止倦怠产生，或者怎样才能消除倦怠，首先我们需要把什么是"倦怠"研究明白。就倦怠而言，要想说清楚它是怎么一回事并不容易。

马斯拉奇将倦怠描述为一种精疲力竭、愤世嫉俗和自我效能感丧失的状态，这也是倦怠的经典定义。虽然这些特征可能会用来作为判断某人是否倦怠的标准，但是对于大多数人来说，这个定义没有什么意义，它并不能将倦怠者与非倦怠者清楚地区分开来。因为我们每个人在生活中都会有感到精疲力竭的时候，也会产生愤世嫉俗的情绪以及出现做事效率不高的状况。这些情形是我们每个人都非常熟悉的，这既可能是倦怠已经产生的信号，也可能预示着你正往倦怠发展。

> 倦怠是一种精疲力竭、愤世嫉俗和自我效能感丧失的状态。这是关于倦怠的经典定义。

有关倦怠的其他定义则大都侧重于这样一种理念，即组织的需求与个人能够并愿意投入之间的不匹配。这类定义将侧重点从倦怠造成的影响转向了造成倦怠的潜在原因上，可能更有助于我们了解倦怠、如何预防倦怠，以及从倦怠中康复过来，但它们仍然模糊不清，尚无法帮助我们找到解决问题的方法。

倦怠就像过了火的房子，除了废就是空

我们再看一下倦怠的第一个定义。倦怠就好像一栋被大火烧毁的建筑。虽然

建筑结构还在，高墙依旧矗立。有时从外部几乎看不到有任何损坏，或者只能看到窗户周围或屋顶附近有一些被烟熏过的痕迹，但实际上里面都已经被烧成了废墟。

与此类似，无论是否能被看出来，正在经历倦怠的人都会感到空虚。他们通常会感觉到某些方面不对劲，但是又无法确切地说出到底哪里出了问题。有时为了逃避这种感觉，他们会更加努力地工作，希望能通过做各种各样的事情来消除空虚感。然而，无论他们如何努力地去分散或转移其注意力，空虚感依然存在。分散注意力可以暂时掩盖空虚感，但有时候反而会增加空虚感，因为对于他们来说，分散注意力仅仅意味着又多了一件需要去完成的事情而已。

在某些情况下，为转移注意力所做的活动可能会上瘾。例如，原本在特别艰难的时候你会喝上一杯酒来放松一下，但渐渐地，即便在不那么糟糕的日子里，你也要喝上一两杯。喝酒这一行为逐渐由一个人在压力和非正常状态下的一种应对技能，变成了支撑人们生活下去的唯一力量和方式。

手机刷出来的除了空虚，还有倦怠

倦怠能够带来许多不同的影响。有的人因倦怠会产生一种或几种成瘾的行为，还有一些人则发现自己陷入了其他困境。不同于成瘾行为只聚焦一个中心点，这些人发现自己还会陷入抑郁的泥沼。虽然"倦怠"一词并没有被美国精神医学学会（American Psychiatric Association）2013年出版的《精神障碍诊断与统计手册（第五版）》（*the fifth edition of The Diagnostic and Statistical Manual of Mental Disorders, DSM-5*）收录其中，但抑郁症肯定是被收录的。简单来说，抑郁症的特征是持续的悲伤或者情绪低落、无法感受到快乐，以及在某些情况下表现出的行动迟缓。

另一种被称为"淡漠性抑郁"的破坏性状态也未被收录到《精神障碍诊断与统计手册（第五版）》中。淡漠性抑郁是一种漠不关心的状态，它可能表现为对曾经关心的事物缺乏兴趣，也可能表现为对所有的事物都缺乏内在动力。淡漠性抑郁对人类来说是一个挑战，修道士们曾经将这种难以说清楚的不适感视为一种恶念，但这一现象并没有引起公众的注意。当修道士们最终将八大恶念归纳为七宗罪时，淡漠性抑郁被归到了懒惰之中。如今《精神障碍诊断与统计手册（第五版）》对抑郁的界定标准非常宽泛和包容，也将淡漠性抑郁归到了抑郁症之中。

目前，抑郁症的发病率持续上升，但很多人并非真正的抑郁症患者，而是产生淡漠性抑郁的人。或者，造成这两种情况的原因很有可能源自倦怠情绪的不断滋生。虽然社会整体的富裕程度在不断地攀升，但我们却发现自己越来越感到迷茫和孤独。我们因富足而觉得自己不再需要任何人，从而阻止了和其他人建立联系，并进而导致了倦怠的发生，因为与他人建立联系是我们避免倦怠的重要方法。

既无力改变，也不想改变

把时光倒流至1967年，我们正置身于马丁·塞利格曼（Martin Seligman）的实验室中。实验室里有一群小狗正在接受轻微的电击，以测试它们会做出什么样的反应。实验结果显示，有些狗会想办法躲避电击，而有些狗却丝毫没有试图躲避电击的意图，它们只是躺下来发出痛苦的呜咽声。塞利格曼和他的同事将这种情形描述为习得性无助，即认为没有任何可能改变现状的感觉。那些放弃躲避电击的狗之所以那么做，是因为之前的经验告诉它们无论怎么做都无法躲避电击，因此它们也就放弃了尝试。

倦怠会让人们相信自己无力改变现状，因此他们也就没必要再做出尝试，反之亦然。也就是说，人们也会因感到自己无法改变环境而倦怠。无论是习得性无助导致了倦怠，还是倦怠导致了习得性无助，显然这两者之间是有关联的。

从我们的社会交往经验可知，大多数感到倦怠的人都与他人失去了联结。这一点非常重要，因为依照我们人类的经验，那些关心我们的人有时会伸出援手。如果有合适的人在合适的时间向你伸出援手，就足以帮你渡过难关。当我们意识到与我们有联结的人拥有帮助我们的潜能和资源时，可以让我们暗生希望——一切都有可能变得更好。

> 大多数感到倦怠的人都与他人失去了联结。

为什么你看谁都烦，就想一个人待着

人类天生就是相互联结的，天生就与其他人保持着人际关联。美国积极心理学家乔纳森·海特（Jonathan Haidt）认为，解读他人内心的能力是人类进化过程中重要里程碑，这种能力也被乔纳森·海特视为我们能否一起工作并共同征服地球的分界线。尽管有人可能更偏爱个人主义，但我们注定是生活在人际关系中的社会性生物。

如今，随着智能手机和互联网的应用，我们这个繁忙的世界表面上看起来联结得更加紧密，但有研究显示，与1985年相比，找不到什么人可以商量重要事情或者找不到联结者的人增加了三倍多。虽然我们在技术层面上联结得更紧密了，但是我们的内心却愈发地感到孤独。联结拥有非常强大的力量，而孤独则会改变 DNA 的转录方式，进而增加患上与炎症相关疾病的风险。

科技是一把双刃剑，它让我们在技术层面联结得更加紧密的同时，在人际关系方面却日趋疏远。不少美国人一边吹嘘自己在 Facebook 上有多少多少朋友，一边又说自己真正的朋友比以往任何时候都要少。

摆烂的心态：任由事情往坏的方向一路狂奔

一方面，我们可能在工作中感到倦怠，也可能因家庭生活遇到困难滋生出倦怠感，比如我们只是在工作时感到倦怠，一回到家就感觉良好；另一方面，我们也意识到，倦怠并非只限定在我们生活中的某个方面，有时候弥漫在倦怠中的空虚感会像火一样蔓延到我们生活的方方面面。

倦怠喜欢悄悄地接近我们，在我们耳朵边不停地低语着"事情永远不会变好"，预言我们永远无法实现目标，告诉我们应当放弃，最终让我们慢慢地陷入习得性无助的状态中。有时候即使我们已经意识到自己在工作上感到倦怠了，但是考虑到经济方面的压力，我们仍然继续做着自己讨厌的工作。我们也可能感到疲惫不堪，被工作困住了，但仍然安慰自己说至少我们一家子过得还不错。但真实情况可能是，我们根本无法好好地享受美好的家庭时光，而是沉浸在反复体验工作中发生的事情及其带来的抓狂之中；我们可能会因为忽略了与伴侣的交流，最终使我们无法获得相应的支

> 在我们生活中某一方面的倦怠会或多或少地蔓延至我们生活的其他方面。

持。由此可见，我们生活中某一方面的倦怠会或多或少地蔓延至我们生活的其他方面。

倦怠会成为一个漩涡，不断地从我们生活的其他方面吸走越来越多的能量。如果我们曾有过某种恢复活力的健身方式，如冥想或者打高尔夫球，但此时我们会发现，要么由于我们无法集中注意力从中获益，要么由于曾经能够带给人振奋的活动变成了不得不做的苦差，最终导致的结果是我们对做此事的兴趣越来越少。同样，倦怠会让我们的家庭关系似乎无法满足我们各方面的需求，随着时间的推移，即使是家庭社交和休闲娱乐也都无法填补因工作倦怠带来的空虚感。

倦怠真的无解吗

值得庆幸的是，有一条路可以帮助你避开倦怠。如果说你已经倦怠了，还有一条路可以帮助你从倦怠中脱身。虽然让你脱身的这条路没有什么明显的标志，也不容易通行，然而一旦你走一次，你就会发现自己再也不会倦怠了。

我们撰写本书的目的就是为你指明方向，并帮助你为将来的挑战做好准备。我们希望能够帮助你了解什么是倦怠，察觉它的到来并知道如何避开它。表面上看，书中的指导方法非常简单，无外乎多与人交往，做真实的自己，设定可达成的预期，认清自己的价值。然而你需要注意的是，细节决定成败。你如何才能以有效的方式与他人建立联结呢？如果你从未见过真实的自己，或者你并不喜欢你心中那个真实的自己，你又该如何成为或保持真实的自己呢？这就是你阅读本书的目的。

关于倦怠的小贴士

- 对倦怠进行定义是一件困难的事情。也许你感到愤世嫉俗、精疲力竭或者缺乏效能感，但并没有到倦怠的程度。即使你认识到倦怠是由你所在企业的需求与你的能力之间的不匹配导致的，仿佛也解决不了什么问题，因为这无益于我们如何避免倦怠。
- 经历倦怠的人通常会感到空虚，就像一栋遭遇了火灾的房子的外壳。
- 有些人会用成瘾的行为来填补空虚，将曾经的应对技巧变成了生活的支柱。
- 空虚感会使人陷入抑郁症或淡漠性抑郁状态。虽然现在淡漠性抑郁经常被归入抑郁症的大类中，但淡漠性抑郁的主要表现却是对什么都提不起兴趣。
- 倦怠常常会使你确信自己什么也无法改变，所以你觉得就没有做任何尝试的必要了。这就是所谓的"习得性无助"。
- 人们需要与他人建立联结。倦怠会导致人们失去联结。
- 当倦怠出现在你生活中的某个方面后，它往往会像野火一样蔓延到其他方面。

倦怠自救

- 是什么让你认为自己正处在倦怠状态或曾经经历过倦怠？
- 你认为自己的处境如何才能够有所好转？
- 你觉得自己和哪些人有联结？你是如何与他们进行联结的？
- 倦怠有时会被描述为一种空虚感，就像被烧毁的房子的外壳。你会怎么形容倦怠的感受？

第 2 章

"低电量"时刻，倦怠来袭

Extinguish Burnout

A Practical Guide
to Prevention
and Recovery

无论你正经历着倦怠，还是从身边的人那里听到了倦怠的恶名，谁都不愿让倦怠上身。在我们探讨倦怠的预防以及如何消除倦怠之前，首先必须了解倦怠是怎样产生的。

下面，我们将介绍倦怠是如何悄悄地降临到我们身边的，以及它的来临意味着什么。我们可以通过掌握倦怠生成的原理，来对摆脱倦怠的方法进行评估。

倦怠的三大表现：精疲力竭、愤世嫉俗和缺乏自我效能感

正如我们在第 1 章所探讨的，倦怠通常体现在精疲力竭、愤世嫉俗和缺乏自我效能感三个方面。在倦怠的这三个构成方面中，到底哪一个才是引起倦怠的原因呢？换句话说，哪个是倦怠的源头呢？弄清楚这一点确实是一件棘手的事情。

在研究领域，虽然在统计学上想要弄清楚两个事物是否相关是件简单直接的事情，但想要弄清楚是否存在因果关系却是出了名的困难，因为对因果关系的论证需要引入时间作为独立变量，实现这点通常鉴于研究经费的限制而极具挑战。

然而，就像做几何证明题一样，我们可以挨个对每个标准进行评估，来判断它是不是导致倦怠的原因。

精疲力竭

"劳累过度"和"不堪重负"是当下许多家庭的真实写照。想要找到一位不认为自己在工作和生活中劳累过度和不堪重负的人，比找到一位认同这点的人要困难很多。由于我们过度追求成功、物质享受，以及必须为孩子的成长创造更好的条件，以至于我们把自己弄得精疲力竭。

虽然不敢说勤奋工作的人一定不会经历倦怠，但令人奇怪的是，的的确确有许多工作特别辛苦和身体特别劳累的人，他们并没有陷入倦怠的痛苦。那些为社会、家庭和事业打拼的人，似乎也是如此。

诚然，也会有一些表现非常出色的人，可能会因为受到挫折而感到倦怠，但是这种情况发生的概率非常低。在我们熟知的亲朋好友甚至不怎么认识的人中，这样的例子有但是比例非常低。依照大部分人的经验来看，努力工作似乎与倦怠并不相干。

想想看，在我们的生活中，我们工作最努力的时候往往是我们感到最充实的时候。当我们全心全意地投入工作中，努力使结果趋向完美、成功或令人赞叹的时候，我们通常不会感到很糟糕；在大多数情况下，这反而是我们感受最好的时候。支配我们感受的并不是工作本身，而是我们对结果的感知。因此，虽然倦怠的人的确会感到精疲力竭，但这并不意味着如果你努力奋斗、挑战自我、追求更多，你就一定会感到精疲力竭。由此可见，精疲力竭不是导致倦怠的原因，只能是倦怠的一种表现。

愤世嫉俗

请审视一下你身边或周围，看看哪些人是愤世嫉俗者。这些愤世嫉俗者是年轻人吗？他们是公司新入职的员工？是星巴克的服务员？或者是你的孩子们？还是那些在战争中留下身心创伤被遗忘许久的老兵?

当人们感到失望时,对自己、他人或全世界的期望没有得到满足时,就会愤世嫉俗。愤世嫉俗者通常持这样一种心态:反正不可能改变世界,那么抱怨一下又有何妨?

愤世嫉俗是倦怠产生的一种迹象,它由"无法改变任何事情"的信念引起,并且当事人已到了习得性无助的阶段。在此阶段,你会认为自己根本无力改变世界或自己的处境。感到自己无法改变任何事情是缺乏自我效能感的典型表现。因此,从这个意义上看,愤世嫉俗也只可能是倦怠的一种表现,不可能是导致倦怠的原因。

自我效能感

由上面的分析,我们很容易理解为什么缺乏自我效能感可能是倦怠的开始。因为如果没有足够的自我效能感,就会认为一切都是不可能的,而倦怠正是始于感觉自己做得还不够。

> 很容易看出,为什么缺乏自我效能感可能是倦怠的开始。

从根本上说,驱使倦怠向你袭来的是一种感觉和信念,这种感觉和信念会让你认为自己并没有朝着自己的目标前进,即使你并不知道自己真正的目标是什么。在这里,我们只是对这种感觉和信念进行了简单的表述,要想对它进行分析其实不容易。尽管我们把它称为"自我效能感",但用这个词来表达可能仍然无法做到十分精准。

"感"是这个概念的中心字。众所周知,我们的感知是多变的。许多偏见会妨碍我们看清楚世界本来的面目。诸如"眼见为实"这样的偏见,可能是在我们蹒跚学步时就已经扎下根了,但现在我们仍然会被这些偏见所困扰。虽然我们的眼睛有可能捕捉到了周遭世界的影像，但是我们的大脑只会根据我们有限的视野所提供的不完整信息来建构我们周围的世界，并且时常还会在没有答案时编造出答案。因此，我们必须知道，我们的感知并不等同于现实，我们对世界感知的方式也是不全面的。在一定程度上，我们只看到了多面世界的一个侧面。要解决感知的问题，我们常常需要用到心理学和神经学，有时甚至需要借助先人的智慧。

"自我"是这个概念的第二个关键词，这个词看上去很简单。毕竟我们一辈子都和自己生活在一起，应该没有谁比我们自己更了解自己的了。从某种意义上说，这种说法是完全正确的。在经验方面，我们是自己的权威。而在自我方面，其实有太多事情是我们不知道和没有意识到的。"当我们评价自己时，会用到什么标准？""当我们与他人合作完成任务时，我们如何评定自己在其中发挥的作用？"等一系列问题，都会使我们难以对自己能力的高低进行判断。

这个概念的第三个词"效能"则是一个内涵丰富的词，它是指某些事情的确是有效果的。但是对什么情况有效，在多大程度上有效呢？当你要给一棵小仙人掌移盆时，用勺子挖土就足够了。但是如果修路的话，勺子就不起作用了。因此，效能的高低是比照环境而言的。我们人类会确立我们想要实现的目标，然后朝着这些目标努力。因此，在使用"效能"这个词时，我们必须考虑的是我们对效能的期望是否合理，以及我们是否使用了正确的度量标准来衡量我们的进步。

解决倦怠的最佳方式：浴缸模式

这里我们要引入"个体能动性"这一概念。个体能动性是我们完成任务的实际能力，它不仅衡量我们完成任务所用的时间，也衡量我们用于完成事情的生理和情绪能力。试想一下，一个人手持一把铁锹并且拥有大把的时间，那么他是具有铲平一座山丘或者至少一个土堆的个体能动性的。与此类似，另一个人拥有一辆挖土机和较少的时间，同样也是可以铲平山丘或土堆的。这个例子所说的个体能动性就是铲平山丘或者土堆的能力，不管使用的是铲子还是挖土机。

我们对个体能动性这种能力的认知可能存在很大偏差。我们拥有一种根深蒂固的信念，就是认为我们能够依靠个人的能力改变世界，相信我们一切尽在掌握，有些人可能会称之为"妄想"。但是这样可以让我们获得一种控制感和安全感，使我们踏踏实实地继续过日子，完全不必担心明天地球有可能被小行星撞毁。事实上，我们需要在无能为力和无所不能之间，给我们的个体能动性找到一个客观合适的位置，即我们需要了解自己能够做什么和不能做什么。

从倦怠的视角来看，倦怠的时候，你会感觉自己的个体能动性已经被耗尽了，尽管你也不知道是怎么回事，但是你已经付出了自己所拥有的一切，没有什么可以再给予的了。图 2-1 是说明个体能动性的简化模型，我们称之为浴缸模型。我们的个体能动性，即浴缸，一方面会被一些活动填充，就好像从水龙头流出的水；另一方面，也会被一些活动所消耗，就像排水管把水排走。我们维持个体能动性的能力，就是使浴缸里保持足够水分的能力，这也是让我们不会产生倦怠的原因。在这个模型中，获得个体能动性有三个来源：感知结果、获得支持和自我关怀。而施加给我们的要求，则会减少我们的个体能动性。接下来，我们逐一阐述该模型的每个组成部分，以及它们是如何影响我们对自身所拥有的个体能动性的感知的。

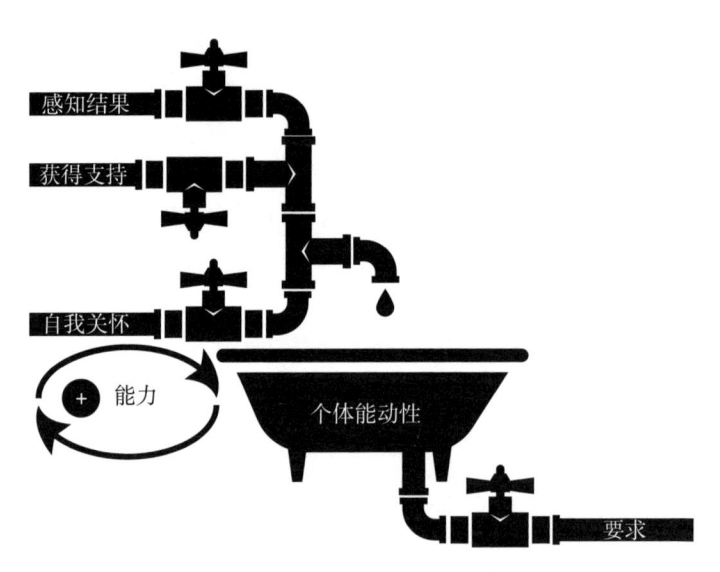

图 2-1　说明个体能动性的简化模型

感知结果

个体能动性的第一个来源是感知结果。如果你想感到你做事是有效的，即拥有个体能动性，最简单的方法就是看所付诸的行动会带来什么样的结果。例如，农民能够从他们播下的种子看到收获，从而知道自己对土地是拥有掌控力的；机械师看到自己所制造出的零件，会感知到自己是有创造力的。然而，在大多数情况下，外部世界对感知结果的影响力都远远大于我们自身对感知结果的影响力，从而削弱了我们看到结果的能力。

虽然农民知道自己通过劳动会收获一些成果，但他们也必须看天吃饭，最终的收成并不完全受他们的行为控制。如果我们的成果形式不是有形的而是无形的，想要衡量成果以及我们的影响与成果之间有怎样的关联，就会变得愈加困难。很多时候，我们可能会对结果产生影响，却难以明确具体的影响是什么。因为无法直接看到这些结果，所以通过感知结果来增加我们的个体能动性也就变得更加困难。

获得支持

个体能动性的第二个来源是获得支持。尽管我们所处的世界存在千差万别的个人主义视角，但是我们无法回避这样一个现实，那就是我们每个人的生活都依赖于其他人。我们人类是经历过真正自给自足的日子，但我们离那个时代早已很遥远。对于当代大多数人来说，如果没有电和自来水，是无法生活的，因为现在几乎没有人知道如何安全地取水和给自己的房子供暖。即使是在拓荒年代，不同家庭也是驾着马车一起旅行，相互帮助。在马车队中形成的群体会相互帮忙，将马车围成一圈以保护所有家庭免受来自外界的危害。

一旦我们获得了所依靠的那些人的支持，我们定会认识到这种支持能够让我们变得更强大，能让我们更有能力去完成伟大的事情。艾萨克·牛顿爵士曾经说过："如果说我看得比别人更远些，那是因为我站在了巨人的肩膀上。"由此可见，当我们能够依靠他人的支持时，我们能够获得更多的个体能动性。举个简单的例子，假设你有一座院子，每到夏天，你需要每周花一个小时对它进行维护。如果你亲自动手，那你每年就需要投入 20 个小时左右的时间来打理它。但是如果你有个孩子可以帮你，那么你就相当于额外多出了 20 个小时的时间，你的个体能动性也就随之增加了 20 个小时。还可以从一个更加感性且不太具象的层面上举例，如果你的伴侣或者某个对你来说重要的人，关心你并且愿意听你倾诉，这就是你力量与支持的来源，可以帮助你更好地为他人提供相同的支持。

自我关怀

个体能动性的第三个来源是自我关怀。自我关怀是为自己做一些事情，让自己进行恢复并获得个体能动性。自我关怀不仅会为你充电，还能提升你给自己充电的能力。从某种意义上说，它能使个体能动性浴缸变得更大。但可惜的是，对于大部分人来说，自我关怀是最容易被忽视和投入不足的一项活动。

许多人都会进入一个误区，那就是为了满足他人的需求而推迟自我关怀，特别是那些承担关怀职责的人。例如，牧师和护士通常会感觉教区里的信众和病患比自己更加需要得到关照。但实际上就如"利息是由本金生成的"一样，你只有对自己进行投资才能够给予别人更多。如果你不花时间休息和自我充电，两手空空的你将无法给予别人任何东西。

从短期和中期来看，自我关怀是必不可少的；从长期来看，自我关怀对于提升个体能动性也有着不可小觑的作用。多关心关心自己，养成自我关怀的习惯，可以为你带来更大的个体能动性。

要求越多，个体能动性消耗越大

施加在我们身上的要求会导致个体能动性的消耗。我们在生活中会遇到各种各样的要求，如电费账单的支付、好朋友的求助等，对我们的能力有所要求是人类生活的一部分。要想管理好我们的个体能动性储备，一方面我们需要有稳定的资源供应对我们进行补充；另一方面，我们还要学会对施加给我们的要求进行一定的限制。

对施加于我们的要求进行管理，可能是维持我们的个体能动性和避免倦怠过程中所面临的最大挑战。因为很多时候，施加于我们的要求是不合理的，或者说，我们想要回应这些要求的方式是不合理的。假如，你有一位极要好的朋友需要你送他去机场，这当然没问题。但如果你因送他需要付出巨大的牺牲，而对他来说送与不送都两可就另当别论了。但有时候，我们无法有效地去判定那些施加给我们的要求是否合理。

很多富有同情心的人一味想要减轻他人的痛苦，而忽略了这样做会严重消耗自己的资源或削弱自己帮助他人的能力。我们必须认识到，我们的个体能动性是有限的。正因为如此，我们不能在其他人身上投入太多。假如你是一名战地军医，你周围都是受伤的士兵，有一些士兵已经濒临死亡，你是无法拯救所有人的，但你需要尽可能多地挽救他们的生命。时间紧迫，现在你必须开始对士兵进行分检。情况会怎样呢？当你认识到零死亡是不可能时，你会开始转向利益最大化，接受不可避免的损失。

在我们生活中同样如此，选择一件事，必然意味着放弃另一件。如果我们选择出席一位朋友的演唱会，就无法出席另一个朋友的钢琴演奏会；如果我们想要在事业上取得成功，就将不可避免地牺牲掉一些与朋友、家人相处的时间。

> 对施加于我们的要求进行管理，可能是维持我们的个体能动性和避免倦怠过程中所面临的最大挑战。

综上所述，我们对倦怠从哪里来以及个体能动性的模型框架进行了基本介绍，在接下来的内容中，我们将对个体能动性的三个来源，以及消耗个体能动性的要求进行更加深入的分析。

关于倦怠的小贴士

- 虽然倦怠通常被描述为感到精疲力竭、愤世嫉俗或缺乏自我效能感，但是从个体能动性角度来考虑倦怠可能更有用。
- 个体能动性是你完成某件事的实际能力，它可能与我们对这种能力的感知有很大偏差。
- 在倦怠的浴缸模型中，个体能动性有三种来源：感知结果、获得支持和自我关怀。我们自己或他人对我们提出的要求，则会消耗我们的个体能动性储备。
- 感知结果可以帮助我们准确地了解我们的效能和个体能动性。依靠他人的支

> 持，我们可以获得更多的个体能动性。自我关怀不仅能补充你的个体能动性，还能帮助增加你的个体能动性浴缸的容量。
>
> - 对施加于我们的要求进行管理，可能是维持我们的个体能动性和避免倦怠过程中所面临的最大挑战。

倦怠自救

- 你在什么时候感觉自己仿佛已经付出了所有？
- 思考两种你倾注了全部精力的情况：一种情况让你感到精力充沛，另一种情况让你感到倦怠。它们之间的区别是什么？
- 你通过做什么事情来补充自己的个体能动性？
- 有哪些要求会消耗你的个体能动性？

第 3 章

你的能动性取决于你看待结果的方式

Extinguish Burnout

A Practical Guide to Prevention and Recovery

在填充个体能动性浴缸的三种方式中，感知结果这一方式能够让你最直接地看到自己发挥的作用，从而影响你对自己所拥有的影响力的感知。感知到的结果可以迅速增加你的个体能动性浴缸的容量，其中的挑战主要在于你如何看待结果，即与实际相比，你会放大结果还是缩小结果？另一个挑战在于，你如何排除干扰对自己的收获进行衡量，与过去相比，是多了还是少了？

高看了结果，只能让你凡事总往坏处想

人们在感知结果的过程中，容易出现的第一个偏差是将结果放大，使其大于实际情况。

护士苏珊刚刚遭受了一次很大的打击，有位病人刚刚"炒了"她。苏珊知道这位病人很难相处，但根据以往照顾病人的经验，苏珊还是自信满满的。苏珊恪守各项规定，知道怎样做能让病人尽快康复。这位病人正好处在术后的康复期，每天刷牙是她不情愿但又不得不做的事。苏珊坚持原则，监督这位病人刷牙，于是苏珊被这位病人换掉了，另一位护士接手了她的工作。

事实上，麻烦已酝酿了一整天。这位病人不想起来去卫生间，苏珊则坚持让她去。在苏珊看来，被护理的病患起床后刷牙完全符合护理常识。不仅如此，由于苏珊对患者友好的态度以及富有同情心的表现，还曾经获得过好几名患者的表

彰。然而这次被病人换掉对苏珊而言是一次十分沉重的打击。

在那一刻，她感觉自己是这个世界上最糟糕的护士，难怪会摊上被病人换掉这样的事。值得庆幸的是，碰巧这时，苏珊在另一个部门的朋友——年纪稍大且聪明的简正好带着一些文件过来。简很了解苏珊，知道她是一位对患者极具奉献精神，并获得过病患褒奖的护士。当简发现苏珊正在休息室里哭泣，并竭力想振作起来时，便坐下来听她倾诉。

苏珊向简倾诉说自己太差劲了，只有令人讨厌的、不合格的护士才会被患者换掉。简让苏珊把前因后果都说出来，包括她有多受伤、她有多么地不能胜任这份工作。之后简平静地说，她其实也曾多次被患者"换掉"。听到简这么说，苏珊按捺不住自己的惊讶，泪水顿时停了下来。"是真的吗？"她一字一顿地问道。在苏珊看来，简做事自信、高效、富有同情心，几乎不会出什么差错。在工作上苏珊把简视作崇拜对象，希望自己有朝一日也能够成为简那样的护士。

简解释道，被某个病人换掉并不意味着自己就是一名差劲的护士，可能只是因为自己与这位病人在性格上不是很契合。有时候，她必须像苏珊一样，为了患者早日康复必须让他们做正确的事情，即使他们不喜欢。苏珊问道："那么，这并不意味着我是个不合格的护士？"

接下来，简让苏珊迅速地回顾一下自己所获得的奖项，以及她从领导、医生和其他护士那里得到的反馈，没有任何迹象表明苏珊不胜任工作；相反，一切都表明她是一位非常优秀的年轻护士，对病患和医院来说苏珊都是一笔巨大的财富。当简起身要回去的时候，她给苏珊提了一个极其睿智的建议："晚上好好睡上一觉，明天早上醒来一切会好转的。"说完就离开了。

苏珊其实掉进了一个陷阱，她将自己看到的"被换掉"当作了唯一的结果，从而导致她有了每位病人都想换掉她、自己是个不合格护士的感知。她抓住一件事，把它放大了很多。当她重新审视自己收到的所有反馈信息时，她发现自己确实有些反应过度了。头一天晚上她没睡好，所以也许简是对的，第二天早上一觉醒来情况会有所好转的。

> 苏珊掉进了一个陷阱，她把所看到的"被换掉"当作了唯一的结果。

小看了结果，只能低估自身的价值

人们在感知结果的过程中，容易出现的第二个偏差是将结果缩小，使其小于实际情况。

蒂姆刚刚签了个大单。事实上，他给公司带来了有史以来最大的一笔买卖。同时，这也对他们的一个有力竞争对手造成了巨大打击，在这件事发生几个月之后，管理层还为之津津乐道。然而，蒂姆却不以为然，他并没有什么特别的感觉，在他看来这只不过是又一桩生意而已。他常说"有得就有失"。他做销售很久了，知道失去的生意比赢得的要多得多，因此他认为赢得这笔生意并没什么大不了的。

每个人都知道，仅这一单就占到公司全年收入的25%，但蒂姆却仍不满足。他虽然获得了一笔可观的提成，但同时他却丢掉了两笔他认为十拿九稳的生意。他只顾着想自己的损失，并没有意识到由于他做成的这桩大生意，使公司的利润获得了大幅度的增长。

他不仅没有意识到自己的销售手段是多么高明，由此才促成了那桩生意的成交。而且他也没有意识到，正是他在推动自己公司在价值方面的能力提升，才使得那些实力强劲的竞争对手失去了获胜的可能。

> 与上一年比，蒂姆并不觉得自己在销售方面有什么改进，虽然有直接证据表明他的销售能力确有提升。

这些所带来的感知结果是，蒂姆并不觉得自己在销售方面与上一年比有什么改进，虽然有直接证据表明他的销售能力确有提升。蒂姆不能从客观的角度看待自己为公司带来的价值，也看不到自己努力工作获得的成果。因此，他感到自己与实际情况相比，他不是把结果放得太大，而是把结果缩小了。不太可能继续为公司增加价值。

时间能治愈的，都是愿意自渡之人

简给苏珊的建议在许多层面都是正确的。睡眠是一种非常有效的自我关怀技巧，它能帮助你调整对事物的看法。它可以让你在更宽泛的时间背景下对事物进行审视。随着时间的推移，你感受到的即时情绪会慢慢地消失。通常情况下，你会发现事情并没有那么糟糕。也许，之后会有另一位病人告诉苏珊他很感激苏珊的关照。也说不定，苏珊会有机会去看望她的侄女，并一起玩糖果乐园（Candyland）游戏，从而冲淡这件事的影响。给自己留出一些时间，可以帮助你从另一视角更好地看待问题。

不管你现在遇到了什么情况，只要你能够学会永远把时间当作朋友，你就可以从时间的视角来看待当前的境遇。及时地展望未来，你会发现无论你正在为什么奋斗，在浩瀚的宇宙中都是微不足道的。回顾过去，你可能会非常惊讶于几年前遇到的问题，现在看来简直都不是事儿。这就是所谓的第一世界的问题，其实质都是些微不足道的挫折或琐碎的烦心事。虽然也可能有一些现在让我们仍然感觉非常重要的问题，但如果你再回顾一下祖辈们的经历，他们面临的挑战往往是生死攸关的。相比之下，你的这些烦恼可以说是无足轻重的。这并非要否定你面临的问题的存在性及挑战性，而是说时间可以降低它们的影响，使之达到一种更加平衡的状态。无论你遭遇什么样的挫折，获得什么样的成就，它们都会受到时间的影响。

以上我们介绍了你对结果的看法如何影响你的个体能动性，接下来我们将学习获得支持在补充你的个体能动性方面起的作用。

关于倦怠的小贴士

- 感知结果可以快速补充你的个体能动性储备。
- 有时我们对结果的感知与实际情况相比，要么将其放大了，要么将其缩小了。
- 在苏珊的案例中，她对自己被病人换掉的结果的感知比实际情况要严重。她认为现在所有的患者都想换掉她，因此她是名不合格的护士。
- 在蒂姆的案例中，他对赢得大客户这一结果的认识比他实际所取得的成绩要小。虽然他给公司带来了巨大的收益，并且全年的业绩也非常不错，但他却不以为然，认为这仅仅是"又一桩生意"而已。
- 睡眠、休息、获得他人积极的帮助、给自己一些缓冲时间，这些都会帮助你更好地看待自己取得的结果。

倦怠心理学
为什么你什么都不想做，什么都不愿想

> **倦怠自救**

- 你在什么时候会感觉自己得到的结果大于实际的情况？

- 请回想一下，有没有别人认为你的行为或成就比你自认为的更棒的情况？他们的看法又是如何改变你的看法的？

- 回想一件至少在 10 年前改变了你生活的事件。这一事件对你今天的生活产生了怎样的影响？

第 4 章

跟感觉舒服的人在一起，就像是在养生

Extinguish Burnout

A Practical Guide
to Prevention
and Recovery

每个人周围都有一套可以获得帮助以提升个体能动性的支持系统。支持的形式是多样的，既有情感支持，也有物质支持和制度支持。每个人的支持系统也是有区别的，有些人缺乏的是物质支持，而有些人缺乏的是情感支持。

最重要的支持是你可以感受到的支持，认为会有人关心和支持你是一回事，看到有人支持你并且能真切地感受到支持则是另外一回事。

接下来，我们将对支持的类型、支持的持续时间和支持来自的领域进行系统的介绍。

避免倦怠的三大核心支柱：情感支持、物质支持和制度支持

你的个体能动性可以表现为，在倾听他人遭遇痛苦后表现出同情的能力。这种能力可能是为他人提供帮助的一项特殊技能；也可能是你有资助他人的经济实力，还可能体现在你能帮助他人建立支持系统。同样，你从其他人那里获得的支持也可以是多种多样的，可以是情感支持、物质支持，也可以是制度支持。

情感支持

如何提供情感支持其实涉及很多方面的内容。在大卫·里秋（David Richo）所著的《亲密关系的重建：如何在相处中做一个成熟的人》（*How to Be an Adult in Relationships*）一书中，为大家提供了一个由五部分组成的 5A 框架，可以说对这个问题进行了很好的总结：

- 关注（attention）到他人及其需求；
- 接纳（acceptance）他人的现状，即使我们并不赞同；
- 对他人持有感恩（appreciation）的态度；
- 以对方可以接受的方式呈现自己的爱（affection）；
- 包容（allowing）他人不按照我们的意志和方式生活。

当人们给予我们这些支持的时候，他们表达了对我们的爱和关心，会让我们在遇到挫折时能够更加坚定自己的决心，更有能力去面对和克服所遇到的阻碍。

> 在本书中，我们将着重解释各种类型的情感支持，因为它在预防和消除倦怠方面起着至关重要的作用。

需要特别提醒大家的是，我们并不是在谈论浪漫的或情欲的爱。虽然我们可以从我们的亲密伴侣那里获得情感支持，但是我们所谈论的爱并不局限于此，我们所谈论的爱可以建立在我们与任何人的情感联结上。在本书中，我们将着重解释各种类型的情感支持，因为它在预防和消除倦怠方面起着至关重要的作用。

物质支持

物质支持可以为我们顺利完成某项任务提供基本的物质条件。如果在完成一项工作时缺少所需要的工具和资源，那将是非常令人沮丧的；反之，如果你可以得到相应的支持，你就会拥有完成某项任务的信心。对有些人来说，其所获得的物质支持可能比较少，比如在你刚参加工作时，有人愿意为你购买的第一辆车做贷款担保，抑或有人愿意借你少量钱让你上大学。

虽然说物质支持常常表现为经济方面的支持，但也有许多物质支持并不以提供金钱为表现形式,可以有无数种方式来提供有形的或物质的支持。例如,你的配偶同意在家里分担更多的家务,或者爷爷奶奶为了让自己的孩子得到休息,同意帮忙照看孙子。我们经常能够见到一些志愿者自愿用他们的技能帮助其他人。

罗伯特的父亲在机械方面很有天赋,在罗伯特弟兄们做生意方面没少出力。除了帮助罗伯特弟兄们驾驶卡车和运行设备外,他还负责车辆和设备的维修工作。这些物质方面的支持,给罗伯特弟兄们分担了不少,使他们可以专注于他们需要关注的其他业务领域。

对于我们而言,我们都会从物质条件上支持自己的孩子,以确保他们一生衣食无忧。当他们知道自己不会为吃穿住发愁后,就会勇于去冒险。物质支持正是通过这种方式来提升个体能动性的。同样重要的是,物质支持还为你创造了更多的冒险机会。

制度支持

除了情感支持和物质支持之外,好像就没有其他类型的支持了,仿佛要么从心理上提供支持,要么做一些实实在在的事情。然而事实上,还有另外一种形式的支持,那就是制度支持,这类的支持能够让你更容易获得成功。这方面的典型例子就是社会福利和失业保障制度。这些制度的设计初衷是为了增加人们的抗风险能力。此外,更重要的一点是,这些制度可以为人们的基本生活提供保障,就好比道路两边的护栏,可以让人们在安全的道路上行驶而不至于坠落悬崖。

制度支持可能会出现在政府的防错制度中,也可能出现在服务于管理者的工作制度中。在公司层面实施的指导系统和合作系统,本质上也是一种制度支持。这些制度可以增强个人的个体能动性,帮助人们取得成功。

你获得的支持可能是暂时性的,也可能是断断续续或持续性的。暂时性的支持可能来自一位不经常露面的朋友的拜访,而持续性的支持则可能来自你慈爱的父母或者老朋友,他们总能够在你需要的时候给予你回应。

在暂时性的支持下,你可能会发现你的个体能动性增强了。比如,当你和一位热爱登山的朋友一起爬山时,你会感觉自己爬山的能力也更强了。而持续性的支持通常会让你更加愿意探索自己的世界,向他人表达真实的自我。

在评估你的个体能动性时,重要的是要认识到,你获得的支持并非一个恒量。有时候你获得的支持更多,你的个体能动性就会增强;但有时候你获得的支持可能比较少,你的个体能动性提升也会减缓。

如何平衡家庭、工作和社交圈的精力分配

对于我们每个人来说,我们在各方面感受到的支持可能并不均衡。在某些方面可能感觉获得的支持要多一些,而在另外一些方面感觉获得的支持则会少一些。下面我们一起来看一看,有哪些方面的支持是你没有意识到要去获取的,或者在跟它们的联结上不是很顺畅的。

来自家庭的支持

我有一位相当聪明的朋友,他曾经对我说过"让妻子快乐了,你的家庭生活才幸福"这样的话。虽然我不确定这句话是不是一句古代谚语,但可以肯定的是,这句话以前有人说过。我们绝大多数人都能感到,无论我们结婚与否,家庭生活带来的稳定和力量能够使我们更好地融入社会。

在这方面，动物实验给我们带来了许多启发。有研究人员发现，母鼠的行为能改变老鼠幼崽的大脑发育状况，被母鼠给予更多舔舐和梳毛机会的幼鼠，它们的神经发育得更好，表现得更加勇敢，探索环境的能力也更强。

虽然有大量的研究表明，个体的发育在很大程度上受到基因的影响，但也有文献显示，在人们成长的过程中非遗传因素也会带来机遇与风险。例如，母亲的产前压力会从根本上改变孩子的大脑发育状况。

> 来自家庭的支持对我们感受到的个体能动性是至关重要的。

研究表明，我们生活的原生家庭确实能够塑造我们的方方面面。所以，对于我们每个人来说，来自家庭的支持都是非常重要的。此外，还有一点可能会令你感到惊讶，那就是可以帮助我们感受到个体能动性的人不仅仅只有我们的父母。除了父母，配偶也是为我们提供支持的重要来源。

阿尔茨海默病是一种使人衰弱的疾病，它会偷走我们的记忆力。导致该疾病的真正原因目前虽然还没有定论，但这种疾病与细胞外斑块和细胞内 tau 结构可能都相关，只是还没有人能肯定到底是什么样的机制令病患丧失了自我。当有些患者发现自己正在一点点失去自我的时候，就会产生恐惧感。罗伯逊·麦奎尔金（Robertson McQuilkin）的妻子穆里尔（Muriel）就是这种情况。罗伯逊在成为哥伦比亚国际大学校长之前，曾在日本担任传教士长达半个世纪，在此期间穆里尔一直陪伴其左右。穆里尔生病后，只要罗伯逊不在身边，她就会变得焦躁不安，因此为了照顾穆里尔，罗伯逊选择了辞职。罗伯逊在谈到自己的决定时讲道："我不是因为不得已才辞职，只是这样做才是公平的。毕竟她以非凡的奉献精神照顾我将近四十年，现在该轮到我了。"他用几句话总结了配偶的支持给予他的力量，他在生活中之所以能够走得更远，离不开穆里尔的陪伴与支持。

此外，兄弟姐妹也可以成为支持的重要来源。如果没有莱特兄弟，你能想象今天的旅行会是什么样子吗？莱特兄弟使人力飞行成为可能，造福了人类。他们取得了专业研究人员都无法企及的成就。在艰苦的研究探索过程中，是莱特兄弟内心的热情和对彼此的支持给他们两人带来了巨大的力量。

无论是在物质方面还是情感方面，通常父母都会在孩子身上进行大量的投入。有时候，孩子也会为父母提供支持。看着孩子们逐渐成长，可以让父母充满希望；子女成年后同样可以在物质方面为父母提供帮助，如为他们修车、装电脑、装修房子，或者精心做一餐饭菜等。毫无疑问，孩子一方面是物质和情感的需求者，另一方面他们也可以成为支持的提供者。

来自社会的支持

当今社会，家庭成员的分布比历史上任何时候都更加分散。我们和家人越来越频繁地离开家乡，去到更遥远的地方。虽然家人是支持我们的重要来源，但有时距离会限制他们对我们的支持。但任何时候，即使是在家人距离我们并不远的情况下，也会有部分支持来自我们周围的社交网络。我们的朋友、参加的社团以及同事们总会在情感上或物质上为我们提供一定的支持。

> 老朋友可以提供多方面的支持，他们可以帮助你从正确的角度看待问题。

老朋友可以为你提供多方面的支持。既然是老朋友，说明你们已经相处很长时间、彼此很了解了。他们可以帮助你从正确的角度看待问题，也会给你介绍对你有帮助的人脉，如帮你介绍朋友、医生、律师、会计师等，或者是帮你省钱省力。

此外，虽然人们不再像以前那样热衷于参加社团、俱乐部和教会，但实际情况是，我们所属的团体仍然是我们获得支持的主要来源，特别是它们可以帮助我们感受到自身与他人的联系。

但是在当前新的"零工经济"背景下，我们从同事和伙伴那里获得的支持正在发生变化。当我们频繁地从一个项目转移到另一个项目，从一个小组转移到另一个小组时，我们的工作和社交活动的边界也会随之变得模糊。大多数来自工作伙伴的社会支持会随着你转到下一个工作组或项目中而消失。因此，我们还将从工作支持的角度讨论你从工作伙伴那里获得的支持。

来自工作的支持

许多人认为，领导者的最高使命是为追随者服务。虽然不是每位管理者都能被称为领导者，但有些管理者的领导方式就是确保为他们工作的下属能够在他们承担的角色上取得成功。管理者可以通过温和的倾听、为下属提供所需资源的方式，为下属提供支持，使下属变得越来越强大。与之相反的理念则认为，下属应该以帮助管理者表现得更好为目的。无论下属是否认同这种理念，这种做法确实都能提高管理者完成任务的能力。因为有了好的下属，管理者可以完成更多的工作。下属与管理者一起实现目标的能力，可以增加管理者的个体能动性。

也许同事的个性和拥有的技能和你存在差异。比如，有些人喜欢整理柜子，有些人很会收纳物品，而你感觉这两种工作都令人恼火。这时候，如果你能将不同特点的同事组合成一个团队，并且能够在工作中同时发挥他们的优势，将会提升你完成工作的能力。

来自自身的支持

最后但也是最重要的支持，是你自己给予自己的支持，即自我支持。没有人可以从你这里夺走这种支持。但什么是自我支持呢？自我支持通常以自我关怀的形式出现，它来自认识到自己的力量以及提高自己的能力。这也是下一章的主题。

关于倦怠的小贴士

- 来自外部的支持主要有三种类型：情感支持、物质支持和制度支持。
- 情感支持有许多不同的方式，包括关注、接纳、感恩、爱和包容。
- 物质支持并不总是意味着经济支持，它还指愿意提供食物或住所，或愿意为他人花时间。
- 制度支持通常以社会服务的形式出现，比如政府援助，但你也可能在工作中以培训或指导的形式看到它。
- 在生活中，你得到的支持可能会时多时少，接受这一点对你会很有帮助。请记住，支持在不同的时间可能来自不同的领域，如家庭、社交圈或工作等。

倦怠自救

- 思考并列举出至少三个曾为你提供过支持的人，以及他们提供了什么类型的支持。是谁提供了情感支持、物质支持和制度支持？他们是如何提供的？
- 什么样的支持让你最难以接受？
- 回想一下在你成长的过程中，你什么时候接受过你当时并不认为是支持的支持？

第 5 章

照顾好自己，才能照顾好别人

Extinguish Burnout

A Practical Guide to Prevention and Recovery

自我关怀是预防倦怠和消除倦怠的关键。在倦怠的体系中，自我关怀是个人真正可以掌控的事。当你需要补充个体能动性的时候，自我关怀几乎可以满足你所有的要求。

在本章中，我们主要探讨在身体或物质方面采取哪些行动可以自我关怀。在接下来的两章中，我们将对心理方面的自我关怀以及如何才能让自己感觉舒服进行集中讨论。

自我关怀，为自己赋能

人们很容易把自我关怀当作不必要或不重要的事项。人们也很容易认为，自我关怀离我们的现实生活比较远，从而忽视自我关怀。但事实上，自我关怀大都是非常实用的。当我们回顾在哪些方面可以进行自我关怀时，更常遇见的问题不是这些想法不切实际，而往往是我们认为自己不值得花费时间进行自我关怀。我们常常会对自己说别人的需求更加重要，我们自己还能够撑一些日子，但真实情况并非如此。

在探讨自我关怀的实用性之前，首先我们需要转变我们的观念，认识到如果我们自己不具有某样东西的话，我们也将无法为他人提供它。让我们好好想一想是不是这个道理。自我关怀可以

> 你可以通过自我关怀获得更多的个体能动性。如果你剥夺了对自己的关怀，你也失去了帮助他人提升个体能动性的能力。

帮助你获得更多的个体能动性。如果你剥夺了对自己的关怀，自己都没有个体能动性了，想要去关怀他人也就成了无本之木、无源之水了。

对于那些自我价值感比较低和容易感到羞愧的人而言，他们往往很难接受先关照自己，再去支持别人的做法，仿佛先人后己是天经地义的。妈妈们通常会认为，应该首先照顾好孩子，其次再关照自己。但无论这种想法有多好，当我们耗尽自己的个体能动性时，就会非常容易感到倦怠，我们怎么可能还有能力去照顾他人呢？

即使是那些擅长自我关怀的人，当他们为了照顾别人而日复一日地牺牲对自己的关怀时，也很容易陷入危险之中。虽然说有时候在面对他人处于危难之时，适当地放弃自我关怀是可以的，然而，怎样评估什么时候别人处于危机，什么时候我们自己处于危机，却是一件困难的事情。而且很多时候人们需要自己想办法去摆脱困境，你并不一定有能力解决别人遇到的危机。如果我们中断了自我关怀，想要再恢复它可能会是一件很困难的事。

因此，虽然在短时间内牺牲自我关怀可能是没问题的，但当这种牺牲持续的时间超过一天或两天，并且我们开始减少自我关怀的时候，我们就必须提高警惕了。

自我关怀从关照自己的身体开始

当我们能够做到合理膳食、积极锻炼身体、很好地照顾自己的时候，我们的生活态度通常也会变得更加积极。

我们的情绪体验与身体感受之间具有紧密的联系。当我们能够做到合理膳食、积极锻炼身体、很好地照顾自己的时候，我们的生活态度通常会更加积极，并且还能产生避免倦怠的抵抗力。身体上的自我关怀主要通过注重体育锻炼、膳食合理、改善睡眠和补充水分等来实现。

体育锻炼

体育锻炼对有些人来说，本身就是件令人愉悦的享受，而对于另一些人来说，是为了保持身体健康必须付出的代价。体育锻炼对身体健康有促进作用已经得到证实。此外，体育锻炼对心理状态的积极影响也在研究中得到了一致的认可。研究表明，体育锻炼可以显著改善人们的情绪状态，减少困惑、愤怒和紧张情绪。无论是简单的散步还是有氧运动，体育锻炼对人们的健康与情绪都有好处。

但这并不意味着你必须跑到健身房开始专业的健身训练。其实在每周的大多数日子里，每天进行20~30分钟中等强度的锻炼就足以产生积极的效果。在运动过程中，简单易行且持续性的锻炼，可以增加机体的活力，减少发生倦怠的概率。

合理膳食

当下，很多人都把钱花在了节食与营养上。毫无疑问，我们目前所处的世界是热量摄取过剩的世界。因进食大量便宜的高热量、低营养、馋人的食物而导致的肥胖在许多国家已经成为流行病。食物是身体的燃料，想要让身体运行得更好，就需要给其投入正确的燃料。

关于热量的摄取指南已经清楚得无法再清楚了，那就是摄入的热量不要多于你需要的热量。此外还有一些更加细致的指导，比如有人推荐低脂饮食，而有人提倡低碳水化合物饮食。下面是目前大家比较公认的、可以帮助你获得更好体验的热量摄入准则。

1. **不要吃"空热量"食品**。空热量食品是指具有高热量但缺少或仅含有少量维生素、矿物质和蛋白质的食品，主要指的是糖。同时，淀粉和其他能够快速转化为糖的食物也应该加以限制。对糖和碳水化合物的过多摄取会让我们的血糖快速攀升，当人体无法控制血糖水平时，就会导致糖尿病。

2. **要吃蛋白质**。我们的身体是由蛋白质组成的，我们需要蛋白质来维持健康。许多人可以靠吃肉类和乳制品来补充蛋白质，但并不是只有肉类或奶制品才能提供蛋白质，选择素食的朋友们，可以选择藜麦和大豆等替代品。

3. **保证维生素的摄取**。正如我们需要蛋白质才能保持健康，我们还需要维生素。最好的办法是吃富含维生素的水果和蔬菜。虽然吃维生素补充剂会有一定的效果，但它们并不能真正替代水果和蔬菜。

4. **摄入纤维**。我们还需要想办法摄取足够的纤维来帮助调节肠道，支持我们的肠道健康地运转。

当然，在管理饮食方面，除了这些简单的指导，还有许多其他的方法。但只要把握好这四条，就基本能满足你身体所需的能量了。

改善睡眠

睡眠对于我们的身心健康至关重要。例如，当睡眠质量变差时，身体的情绪调节功能就会受到损害；缺乏高质量的睡眠，同样会对青少年的积极情绪产生负面影响。有研究结果指出，睡眠质量差与倦怠相关。然而尽管人们意识到了睡眠的重要性，但美国卫生和公众服务部（United States Department of Health and Human Services）下属的国立卫生研究院（National Institutes of Health）2013年的数据显示，美国人的夜间睡眠时间仍然已经从1910年的9小

> 有研究结果指出，睡眠质量差与倦怠相关。

时，下降至 2013 年的不足 6.8 小时。

保证充足的睡眠时间和创造良好的睡眠环境，可以帮助提升你的整体情绪状态并减少倦怠的影响。以下是一些很实用的建议。

1. 建立睡眠节律。我们的身体并不能很好地适应睡眠时间的变化。轮班工作障碍就是一种公认的由睡眠时间变化引起的昼夜节律性睡眠 – 觉醒障碍。你在生活中越能够保持规律的睡眠 – 觉醒周期，你就越能够得到高质量的睡眠。

2. 床只用来睡觉。限制床上的活动，不要在床上长时间地玩手机或看电视，以降低失眠的概率，缩短入睡的时间，并以此来训练我们的身体一到床上就能入睡。

3. 睡前限制使用电子产品。我们现在生活在电子世界中，电子屏幕发出的光谱中包含蓝光，蓝光会让我们的身体误以为是白天，降低褪黑激素的分泌量。当去除掉蓝光后，我们的身体会像日落后自然发生的变化那样，产生更多的褪黑激素，变得更想睡觉。睡前 30 分钟内不使用电子产品，可以对一些人的睡眠产生积极的促进作用。

如果你想提高自己的睡眠质量，还有几种市面上在售的睡眠监测器可以帮助你识别你什么时候睡得好、什么时候睡得不好。久而久之，你就可以总结归纳出哪些事情能够改善你的睡眠质量，哪些事情会干扰到你的睡眠，以此来帮助你养成良好的生活习惯。

补充水分

合理补充水分的重要性怎么强调都不为过。人体内的水分占到 50% 至 60%，保持人体的水平衡对于维持身体的各项机能，如体温调节、消化系统、循环系统以及认知反应等十分重要。即使是轻度的脱水，也会导致疲劳和头痛加剧等状况。还有一些研究表明，轻度的脱水甚至会导致包括决策功能和反应时间在内的认知功能下降。以下是保持水分平衡的四条建议。

1. 每天补充约 2.5 升的水是最低要求，因为人体每天通过呼吸和排尿平均流失 2.38 千克的水，所以要有计划地补充它。

2. 剧烈运动和高温会增加水分的损耗。因此如果你打算在高温下工作，那就需要额外多补充些水分。

3. 并非所有饮料的功能都是相同的。含有咖啡因的饮料，如含咖啡因的苏打水、咖啡还有酒精都是利尿剂，它们会通过排尿导致更多的水分流失。如果你喝了上述任一种饮料，就需要多喝水。

4. 可以根据尿液颜色来评估人体的水合状态。具体做法是将你所排尿液的颜色与尿液色标进行对比，以评估自己的水合状态。如果你发现自己处于脱水状态，请立即进行补水。

虽然很多时候我们并不总是能够优先关照自己的身体，但是对自己的身体进行自我关怀是保持个体能动性的必要措施。在接下来的两章中，我们还会探讨为什么心理上的自我关怀与身体上的自我关怀同等重要。

> **关于倦怠的小贴士**
>
> - 自我关怀是一件为自己赋能的事情。虽然有些人会忽略自我关怀，但重要的是你要知道如果你不先帮助自己，你将无法帮助他人。
> - 身体上的自我关怀通常涉及体育锻炼、膳食合理、改善睡眠和补充水分四个

方面。

- 并不是说只有成为一名专业的健美运动员或马拉松运动员,你才能从体育锻炼中获益。即使只是每天花 20~30 分钟步行或者做瑜伽,都可以积极地促进你的身心健康。
- 膳食合理就是注意你所吃的东西。通过限制对缺乏营养的食物的摄入,优先选择蛋白质和营养丰富的食品,摄入足够的纤维,你会发现你的身体就可以获得它所需的能量。
- 保证充足的睡眠。床只用来睡觉,限制睡前使用散发蓝光的电子设备,这些做法能够帮助你睡得更好,醒来时感觉更加轻松、精神焕发。
- 水分是保持身体健康的关键。平时要多喝水,每天起码 2.5 升。如果天气炎热,你从事着繁重的工作,或者饮用了含有咖啡因或酒精的饮品,那就需要喝更多的水。你可以时常自我检查一下,评估一下自身的水分平衡状况。浅色的尿液通常表示个体的体内水分充足。

倦怠自救

- 你每周通常采用什么方式来进行自我关怀?
- 你在什么情况下会减少自我关怀?
- 通过采用什么样的方法,你可以提升对自己身体的关怀?
- 在身体关怀方面,你最享受的活动是什么?

第 6 章

倦怠是一种心理问题，
但不是一种缺陷

Extinguish Burnout
A Practical Guide
to Prevention
and Recovery

令人奇怪的是，对我们来说，进行心理上的自我关怀往往要比进行身体上的自我关怀更难。这可能是由于人们担心被心理健康问题污名化，或者被持有老观念的人看不起。但随着心理健康知识的普及以及人们对心理健康问题羞耻感的慢慢消失，这种抵触也会随之逐渐消退，但是让人们立马开始定期地对自己进行心理关怀还有一些路要走。这就是我们要有意识地进行心理上的自我关怀的原因。

倦怠是一种心理问题，但它并不是一种缺陷，它只是表明一个人所处的环境和他们的技能不相匹配。就好比没有人可以在不接受训练和帮助的情况下，直接钻进直升机驾驶室操控飞行一样。你也不应该期望自己在没有受过训练和指导的情况下，就可以轻松应付所有局面。

在本章中，我们主要就"我们头脑中的声音"，以及帮助我们恢复活力的方法进行探讨。在下一章中，我们会继续探讨应对策略、成瘾和压力等话题。

改变自我对话的方式，让自我苛责的内部声音彻底消失

进行心理自我关怀所面临的最大挑战就是，你要改变与自己说话的方式。你是否关注过自己是如何与自己对话的？虽然这听起来有些傻，但是大部分人都没思考过如何跟自己谈论自己的。你头脑中的声音是在告诉你，你是聪明的，你是有趣的，你是有价值的，还是你是被爱的？又或者你头脑中的声音在告诉你，

你一文不值,你是一个负担,你不可爱?

一直以来,你可能已经将外部的声音内化成了自己的声音。无论这外部的声音来自老师、父亲、母亲,还是朋友,他们的声音总是在你的脑海里挥之不去。这导致的结果是,无论这些声音带有什么样的判断、谴责或其他看法,你都把它们当作自己的声音,因为这好像就是你的声音,好像就是真的。

> 但问题在于,我们大多数人在与自己说话时,并不像我们对待其他人那样充满关怀、同情和宽容。

但问题在于,我们大多数人在与自己说话时,并不像我们对待其他人那样充满关怀、同情和宽容。我们时常会为一些微不足道的过失谴责自己,并为此感到自责。

认知行为疗法是最有效的心理治疗方法之一,它教导人们要以不同的方式进行思考和与自己对话。虽然认知行为疗法是一种心理治疗方法,但并不意味着你只有在心理咨询的时候才能使用它,心理咨询也并不是适合所有的人,你完全可以在需要的时候随时使用它。

下面,我们将向你介绍一些可以帮助你改变自我对话方式的技术、工具和资源,包括一些可以帮助你改变思维方式的书籍。例如,《重新定向:令人惊讶的心理变化新科学》(*Redirect: The Surprising New Science of Psychological Change*)一书的作者蒂莫西·D.威尔逊(Timothy D. Wilson)向读者介绍了应该怎样以不同的方式去思考问题;里克·汉森(Rick Hanson)所著的《大脑幸福密码》(*Hardwiring Happiness: The New Brain Science of Contentment, Calm, and Confidence*)一书则向读者介绍了如何消除消极的思维模式并强化积极的思维模式。有数以百计的书籍可以帮助你改变思维模式,使你与自己的对话方式变得更加友好和富有同情心,这只是其中的两本。在结束这部分内容之前,让我们先来看一下自我对话存在哪些具体的风险以及一些自我改变技巧。

避免全盘化和个人化

我们每个人都会收到坏消息和令人失望的反馈，如我们没被选中参加某个团队或者活动，我们被告知自己犯了错误等。总之，我们并不完美。我们能得到反馈是好事。但如果我们将反馈全盘化和个人化，那就不太好了。

反馈的全盘化是一种以偏概全的情况，如在棒球比赛中把"我没击中球"说成"我总是击不中球"。当然，这可能反映的是当下的一种感受，但却与事实不符。我们可以说托马斯·爱迪生在成功制造灯泡之前一直失败。但我们不能随意做出某人"会永远怎样"或"绝不会怎样"的定论，因为做出这样的定论，需要我们拥有看到未来的能力，很显然，我们是不具备这种能力的。

通常当我们将事情全盘化时，我们理智上也知道这并非真实状况。例如，也许在上周的棒球比赛中你就曾成功地击中了球，但是当你这次击球失败后，就对之前的事实视而不见了。将事情全盘化的问题在于这几乎从来都不是真实的情况。虽然我们以全盘化的方式评价自己，但总会有例外情况发生。

个人化是另一种不合理的塑造个人体验的方式。个人化会将你的失败归结于你个人而非其他原因。例如，将你没有入选球队的原因归结于你个人犯的错，而非你不适合这个位置。我们自己有时候也会说"是因为我很糟糕，所以错过了那个机会"，而不是说"那样安排没错"。我们没有意识到我们在很多时候做得已经够好了，而是把注意力集中在少数几次我们不成功的事情上。我们需要认识到，除了我们自身的因素外，形势也会对结果产生影响。很多时候结果不是我们自己能够决定的，它还会受到一些与我们不相干的因素的影响。当我们对自己说一切都是由我们自己造成的时候，这很可能并不是事实。

意识到自我对话的发生

有时，我们甚至没有意识到自我对话正在发生，这恰恰是挑战所在。

记得好几年前，罗伯特曾经做过一项临床研究，试图证明标准规范和信息技术能够改善对糖尿病患者的护理水平。研究结果令人印象深刻，那些不知道自己血糖水平的人患不良反应的风险很高。这是为什么呢？因为如果你没有意识到问题，你就不可能在问题恶化前去纠正它。

我们的自我对话也是如此。如果我们没有意识到我们头脑中的声音，我们就不可能让它安静下来。

即使你在事情发生时无法"听到"脑海中的声音，但如果你在一天结束时花时间评估一下你听到了什么，那也将会是有益的，因为此时你会更加容易发现消极的自我对话。假如你无法感受自我对话的方式，那就养成每日复盘的习惯。随着时间的推移，这样做可以培养你即刻感受到自我对话的能力。

添加声音

此外，我们还要有意识地添加一些自我对话。比如，我们可以添加一些我们信任的朋友和导师的声音，我们知道他们总是为我们着想。我们可以扪心自问："遇到这种情况，他们会怎么说，会怎么说我？"尝试对这些假设的问题进行思考和回答，往往会让你头脑中已经存在的其他声音，即你已有的自我对话变得更加响亮。如果现有的声音与那些最关心你的人发出的声音不一致，就会爆发冲突，但这是你头脑中应进行的正确的斗争，可以帮助你思考到底哪个声音更有价值。

用事实做回应

到目前为止，你可能已经意识到，我们是在利用事实对抗感觉、自我对话。虽然并非所有的自我对话能通过关注事实而发生改变，但确实有很多对话能够通过这种方式发生改变。因为我们告诉自己的许多故事其实都不是事实，当我们能够客观地审视事实时，我们就会发生改变，肯定我们自身的价值，认同自己所做的已经足够，表现得已经足够好了。

> 我们告诉自己的许多故事其实都不是事实。

关心你的人可能会提醒你事实情况是什么，但如果这些声音不够响亮的话，请你用自己所知道的关于自己的事实来与自我对话进行对质。不要笼统地对自己说"我是一个好人"，而是用你做过的好事来进行回应。虽然自我对话也许会在你是不是一个好人的问题上进行争辩，但它无法争辩的是，你上周给一位教友带了一份晚餐，因为这是既成事实。

去除虚假的标签

在我们年轻的时候，有时人们会说我们很了不起，但是并没有具体说我们到底擅长做什么，也不说我们在什么事情上做得很好，而仅仅用一句话概括了之。这种做法会给我们贴上一个标签，并且这个标签会成为我们不可改变的、代表我们身份的核心，而不是我们的一部分，这样做会让我们陷入一种身份困境。

美国心理学家卡罗尔·德韦克（Carol Dweck）曾做了大量有关心态的研究，包括人们应该如何找到自我，以及如何帮助他人培养成长性心态等。她在其著作《终身成长》（*Mindset*）一书中讲到，固定的心态会让人陷入单一的思维方式。如果你拥有潜力，这种思维方式会限制你的发展；如果你没有达到自己的期望，这种思维方式会让你感到沮丧。而成长性心态则认为，我们永远都在成长并且会变得越来越好，我们今天的失败并不意味着明天也会失败。

改变自我对话方式，接受我们是在不断发展变化中的，可以使我们更容易接受挫折，更容易对未来的自己充满希望。

你越清楚自己是谁，你消极的自我对话就越少

消极的自我对话带来的挑战，有很大一部分来自我们缺乏对自我形象的整合。在某些方面，我们将自己视为宇宙的一部分；而在其他方面，我们又认为自己不值得从别人那里得到爱。将这些不同的观点整合成一种恰当的观点，是一件既富有挑战又有益处的事情。事实上，美国心理学家理查德·拉扎勒斯（Richard Lazarus）在《情绪与适应》（*Emotion and Adaptation*）一书中曾讲到，自我认知的全面性既会影响我们对情境的评价，也会影响我们对情境的感受。

在对自我形象进行整合的过程中，首先要知道你做什么和不做什么的边界在哪里（我们将在第 8 章进行更加详细的探讨）。你越清楚自己是谁，你消极的自我对话就越少。当你非常清楚自己到底是谁的时候，自我对话就很难再说出消极的谎言了。当你通过自己的边界来定义自己时，你就能够更进一步接受真实的自我，并对自我对话做出不一样的反应，不再担心自己是一个有缺点的人（事实上，我们每个人都是有缺点的），而是能够接受自己有缺点、会犯错，但还是会竭尽全力做到最好。

你最好的状态就是接受现在的自己，并且愿意在未来继续不断成长。

缓解心理压力的最佳方式：去兑现对自己的承诺

想法与行动似乎有一定的距离，看看我们是如何把想法付诸行动的就明白了。有这么一句老话："好心可能办坏事。"这并不是说我们的心意是坏的，而是说我们的想法和行动之间存在差距。自我关怀的方式之一就是让我们的行为与我们的想法和信念保持一致。只要去做我们说过要做的事情，就可以在很大程度上缓解我们的心理压力。因为这种心理压力，正是由我们声称要成为的自己与现实中的自己之间的差距造成的。例如，我们可能嘴上说过我们看重亲情，并想去看望我们的叔叔、姑姑，然而一年过去了，我们并没有去看望他们。此时，如果想减少由这种差距带来的心理压力，我们就必须调整我们的观念，改变我们的行为，或者为"暂时的"偏差做出合理化的解释。

我们采取行动不仅仅可以实现我们的想法，行动本身也可以帮助我们恢复活力。例如，喜欢学习的人可能会发现阅读或上课能帮他们恢复精神。通常学习什么主题没有学习行为本身重要。而另一些人可能是问题解决者，无论是在虚拟游戏中还是现实生活中，他们就是喜欢解决难题。因此很多时候，重要的并不是我们正在做什么，而是我们如何看待我们正在做的事情。

如果你不知道通过什么行为可以让自己恢复活力，心理分析测试也许对你会有所帮助。像盖洛普公司开发的克利夫顿优势识别器（CliftonStrengths）、迈尔斯–布里格斯类型指标（the Myers-Briggs Type Indicator，MBTI）测试、DISC职业性格测试和九型人格测试等工具，都可以帮你测试你的个性类别。这些测试有消费者版和专业版两种公开版本，通常还会提供报告和支持性材料，来帮助你了解有哪些类型的活动可以帮助你恢复活力。

需要注意的是，个性特征并无好坏之分，不要对这些测试及其结果进行过度解读。但有时候人们会认为内向或外向是一种不好的性格特征，或者认为别人看不起自己是由于自己具有某种特殊的性格特质。与其纠结其是好是坏，不如想办法更好地了解自己。这些测试可以帮你了解有哪些活动适合帮助你恢复活力。

关于倦怠的小贴士

- 心理上的自我关怀面临的最大挑战之一是我们与自己对话的方式。
- 我们头脑中都会有一些声音。有些声音可能听起来像是我们自己的，但实际上是父母、老师或其他人的。在这些声音中，我们对自己的批评往往比对其他任何人的都要更加严厉。
- 我们很容易将一件事情全盘化，认为自己总是做错事，或者认为自己永远不会成功。这些全盘化的想法并不是基于事实真相的。对于未来而言，不存在"总是"和"绝不"。
- 当你意识到头脑中的声音在对你讲话的时候，你可以用事实与这些感受进行对质。你要用你看到的以及你所信任的人告诉你的话与之进行比较。
- 了解自己是谁以及自己的边界是什么，是发展整合自我形象重要的一步。以此为基础，你才能够进而接受自己的缺点并认识到自己的优势。
- 恢复活力的活动是指帮助我们达到理想状态的活动。
- 有多种分析测试可以帮你找到有助于你恢复活力的活动。
- 请记住，这些测试只是帮助你更好地了解自己的工具，它们并不能定义你是谁。

倦怠自救

- 你头脑中的声音对你说了什么?它们所说的内容是否与你朋友、家人和同事对你的评价相吻合?

- 你通常会做哪些事情让自己恢复活力?如果想不出答案的话,思考一下参加什么样的活动能让你恢复活力?

- 回想一下,近期你脑海中有什么样的声音在谴责或斥责自己,并将其与你看到的证据以及身边的实际情况进行比较。你怎样做才能在与自己对话时更富有同情心?

第 7 章

别人虐你千万遍，就不要自己"补刀"了

Extinguish Burnout

A Practical Guide
to Prevention
and Recovery

第 7 章　别人虐你千万遍，就不要自己"补刀"了

心理上的自我关怀是预防倦怠和消除倦怠的关键。但我们在进行心理自我关怀时，有可能在很多方面会犯错误。因此，我们不仅要关注心理自我关怀的积极性，还要对进行心理自我关怀时可能造成的偏差进行评估，这是非常重要的。

在本章中，我们首先将对形成心理保护机制的应对策略进行探讨，并且还会介绍当人们使用应对策略失败后，是如何产生成瘾行为的。最后，我们会探讨如何进行压力管理，以及怎样才能使压力管理成为一种很好的自我关怀方式。

不当的减压方式只能成为伤己的凶器

可以帮助我们缓解压力的活动，被统称为应对策略。长期持续的压力会对我们的生理和心理产生各种各样的负面影响，因此选择一些能够缓解我们的压力、保护我们的健康的应对策略就显得非常重要。例如，吃甜食会让我们释放出特殊的神经化学物质，帮助我们获得良好的感觉。无论这些活动对压力的缓解是否具有公认的神经化学基础，但它们都具有共同的特征，那就是可以帮助人们获得更好的感受。

健康的应对策略被称为适应性应对策略。但在生活中，非适应性应对策略更容易被滥用。下面，我们将介绍一些被公认为有益的适应性应对策略。

- **抚摸宠物**。人类豢养宠物是因为它们对人类有用。在当今社会，宠物往往被

用来为人们提供情感支持。抚摸一只小狗或者紧紧抱住一只猫，对你和宠物来说，可能都是一种缓解压力的方式。

- **观看喜剧**。观看喜剧是人们针对可预见的失败的一种内置安全机制，它可以使人们释放一系列神经化学物质，帮助人们减少压力。
- **与他人交谈**。与他人进行交谈，但不对消极事件进行回顾，这种方法可以使你不再感到孤单，从而减轻你的压力。你可以通过出席社交聚会、加强与友人见面和联系来增加与他人交谈的次数。
- **服务他人**。为他人服务可以帮助你走出自我、减轻压力，并可以避免让你独自地陷在自己的痛苦中。因为你会发现，并非就你一个人在抗争。
- **有兴趣爱好**。兴趣爱好可以为你带来内在的满足感，并帮助你减轻来自生活其他方面的压力。我们这里所说的兴趣爱好是指你已经拥有的能够从中找到乐趣的爱好。因为当你正处在压力中时，并不是寻找新爱好的好时机。

除了上述适应性应对策略之外，还有一些策略可能是适应性的，也可能是非适应性的，关键取决于你使用它们的方式。例如，食物是生活所必需的，偶尔食用一顿精心准备的大餐可能是一种适应性策略，但是如果总是暴饮暴食并缺乏补偿性运动，则会导致超重和一系列健康方面的问题。

另一种必要的应对策略是隔离。隔离可以让我们暂时推迟对一些事情的处理，直到合适的时机到来。这是因为有时候我们需要把注意力用于专业技能操作，而不是去处理由事件引发的情绪。假设你是一名医生，你的父亲因心脏病发作倒下了。这时候你可能会产生多种情绪，如恐

> 你可以且应当在适当的情况下短暂使用隔离策略，但同时要认识到，你使用这一策略的时间越长，它给你造成的损害可能就越严重。

惧、担忧、胡思乱想等。但此时此刻，你最需要做的是用你受过的医学训练来挽救他的生命，而不是沉浸在这些情绪中。你应该找一个更合适的时间来处理这些

情绪。如果现在你无法回过神来抢救你的父亲而是被这些情绪牵绊，那可能会导致糟糕的结果。

还记得很多年以前我们用过的录像机吧？它有一个暂停的功能，你可以随时让画面暂停。当录像机暂停时，磁带读取头会在磁带的某个部位上持续地旋转。如果你将录像机暂停在同一个地方的时间过长，就会把磁带弄坏。因此，大多数录像机都不允许在同一个地方暂停很长时间。隔离与这个过程类似。你可以且应当在适当的情况下短暂使用隔离策略，但同时要认识到，你使用这一策略的时间越长，它给你造成的损害可能就越严重。

有一次，罗伯特正在曼哈顿参加一个为期两天的活动。第二天中午前后，他意外地收到了祖母去世的消息。当时，罗伯特正忙着帮助客户启动他们的新项目，接到消息之后，他花了几分钟时间调整好自己的情绪，然后把这件事隔离了起来，直到他搭机飞回来与家人团聚。这种隔离是适应性的，因为他在回家后处理了自己的情绪。

应对策略能帮助人们减轻压力、带来乐趣、建立人际联系，但是要确保应对策略的适应性有时是件很复杂的事情。愉悦的性生活可以是一种适应性的应对策略，产生积极的心理和生理影响，并为稳定的两性关系提供亲密感。但是如果性行为是强迫性的或者造成伤害的，那它就会变成非适应性的。当应对策略从一项可选择的安全行为转变为一项必须做的或危险的事情时，它就会转变为成瘾。

用成瘾弥补空虚，只能越来越倦怠

成瘾是不好的。成瘾不局限于毒瘾，还有暴饮暴食、赌博、性活动、麻醉品、酒精等许多形式的上瘾。在成瘾状态下，平常的应对策略会逐渐以越来越有害的方式对个体实施更多的控制，直到个体对成瘾行为变得无能为力。这就是为什么在做成瘾筛查时，会围绕着这些活动是否具有不必要的危险，或者是否具有强制性展开。如果你能控制自己的应对策略，那么你就不会在危险的时候使用它，它对你也就不具备强制性。

需要特别注意的是，成瘾与否的界限虽然看起来似乎很清晰，但在现实世界中有时却并非如此。例如，跳伞可能是你喜欢的一项爱好，它具有一定的危险性，但它的实际危险性并不高。2014年，美国降落伞协会（The United States Parachute Association）记录了24起因跳伞造成的死亡事故。相比之下，同年大约有300万人死于车祸。因此，酷爱跳伞不能算成瘾，除非你为了支付跳伞的费用开始盗窃。除此之外，我们这些作者私下接触过的许多酗酒者都说，他们随时都可以把酒戒掉，只是现在不想这么做而已。但显然，他们所说的并非事实。

如果你活不过当下，那你就不需要未来

> 许多人的压力系统一直处于高位运行状态，并因此遭受着长期的健康问题带来的困扰。

许多心理上的自我关怀都是在对压力进行管理。虽然了解压力是什么、它来自哪里，以及你能做什么，并不能把它从你的世界中消除，但却可以减少它的影响。如果我们将压力进行解构的话，我们会发现它原本是为了短期生存而设计的系统，是一种将所有能量集中用于应对短期威胁而暂时忽略长期活动的机体反应。因为对人们来说，如果你活不过当下，那你就不需要未来。

第 7 章 别人虐你千万遍，就不要自己"补刀"了

但现在的问题在于，我们人类将原本设计用于在非洲与狮子一起生活的系统，应用到了偿还抵押贷款、让我们的孩子进入好学校，以及许多在其设计之初没有考虑到的情况上。你会发现，我们已经成功地将我们的预测能力与压力结合在了一起，并在没有生命危险的情况下维持着压力状态，从而使压力由生活中偶尔出现的现象，变成了现代生活的一种常态化背景。许多人的压力系统一直处于高位运行状态，并因此遭受着长期的健康问题带来的困扰。我们有时为自己制订了不切实际的计划，马不停蹄地从一个活动赶往另一个活动，从一个项目转战到另一个项目。这种持续的旋转木马式的活动让人难以承受，但许多人却发现自己已经很难停下喘口气了。

如果你失去了自己的房子，那确实是一件很糟糕的事情。但这是否会导致你和家人无法活下去呢？对大多数人而言，诚实的回答是否定的。无论是租房还是和父母一起住，或者是从朋友或社区那里得到帮助，我们都是可以找到其他住处的。这件事并不足以引发死亡危险。依此类推，难道我们孩子的人生会因为没有上成好学校就被毁掉吗？如果家世不好，对他们来说的确可能会更难，但这会置他们于死地吗？也不太可能。

虽然这个论点的理由非常充分，但这并不意味着你一定能接受它。你也许知道这并非世界末日，没有对你造成生命威胁，也不是任何类似严重的情况，但是知道这一点并不意味着你就不会感受到压力。因为压力是一种情绪反应，合理化并不一定能够立即解决问题。

情绪的变化比理性论证的速度要慢。从生理学角度来看，一些情绪触发的化学物质释放需要很长时间才能被你的身体处理掉。然而，并不能因为对情况的理性评估不能立即解决问题，就意味着你不应该继续这样做。我们每个人都需要理性地对待压力。

总是重复播放最坏情况，只能于事无补

控制压力的另一个障碍是人们常常在思考问题时过于悲观。我们有一位朋友是职业喜剧演员。在一次聚会中，他描述了他的母亲在听说他和女朋友刚收养了一只小狗后，是如何进行最坏情况的设想的。从养小狗这个话题，他母亲直接跳跃到他根本就照顾不了小孩。虽然我们不好在这里做评判，但可以肯定的是，他母亲得出的"合乎逻辑的结论"既不符合逻辑，也不合理。但不幸的是，我们很多人都习得了这种悲观的思维方式。

回到上面失去房子的例子，有人在进行最坏情况的设想时可能会说，他们的大家族会拒绝他们，也不会帮他们找房子，他们没有地方可以租住，只好住在车里，但是车里太冷了，所以最后他们会因失温而跟世界说再见。这种对最坏情况进行设想的方式的问题在于，它是非现实的，也没考虑到为了保护人们而建构的多级社区资源。如果你思考问题的方式过于悲观，并且没有发现自己的思维方式存在的问题，那你的思维会因此被扰乱。

如果你在为抵押贷款或让孩子进入好的学校进行最坏设想时，最终结果是你因死亡而失败，那么你就很可能是采用了错误的思维方式。事实上，除了生死没有大事。只要你没死，一切结果就都不是致命的，你都是可以恢复的。有时，自我关怀就是停止那些糟糕的思维模式并接纳自己，即使知道自己有时会失败，也能够意识到失败并不是世界末日。

关于倦怠的小贴士

- 应对策略可以用于减轻压力并改善心理健康。
- 应对策略可以是适应性的,也可以是非适应性的。同样,你所采取的应对活动也可能会从适应性的转变为非适应性的,这取决于应对策略对你的控制情况。
- 在某些情况下,隔离是一种必要的临时应对策略。但隔离的时间越长,遭受心理伤害的风险就越大。
- 当以前的适应性应对策略以越来越有害的方式对个人进行控制,直到你无力对抗的时候,成瘾行为就发生了。
- 压力是关注短期威胁(通常是危及生命的事件)的一种生理需求。
- 日常活动和重大事件给我们施加了同样的压力。我们可以通过审视我们的压力源,来确定它们对于我们和家人的生存是否真的构成了威胁。
- 过于悲观会扰乱你的思维,让你长时间地承受压力。

倦怠自救

- 为了减轻压力,你最常使用的应对策略有哪些?
- 什么活动或环境给你带来的压力最大?如果在这些活动中发生了最糟糕的事情,将会是什么?你能活下来吗?

第 8 章

越内卷，
越倦怠

E xtinguish Burnout

A Practical Guide
to Prevention
and Recovery

前面我们已经探讨了增强个体能动性的方法。这就好像要提高收入，你只有付出得越多，才能得到得越多。但我们多数人也知道，更多的收入并不一定会让我们变得更加富有，因为收入多少还受支出情况的影响。同理，我们个体能动性的高低，也同时受到"流入"和"流出"两方面状况的影响。在本章中，我们将探讨怎么做才能将施加于我们的要求，调节到不会耗尽我们个体能动性的水平。

努力透支得越多，你就越力不从心

在我们讨论自己和他人对我们提出的要求之前，首先要考虑我们自己的储备状况。有些人可能会说，他们想要每时每刻都竭尽所能地去做事情，这样就能做到最好。但事实上，这样做是行不通的。

我们所有人都可以在短时间内透支自己。例如，忙碌工作一天后，你精疲力竭地回到家，一天的工作已经消耗完了你的个体能动性。这时候突然你的一位朋友给你打来紧急求助电话，而你只有动用你的个体能动性储备来满足朋友的需求。但之后你会发现，当你耗尽自己的个体能动性及其储备后，要想重新恢复状态，你需要付出的努力和时间要远远大于危机发生前。

我们可以把我们的个体能动性比作我们的银行账户。我们可以开一个支票账户用于日常生活，一个储蓄账户用于紧急特殊情况，再开一张信用卡以备不时之需。平常我们不轻易动用储蓄账户和信用卡，一般在支票账户的限额内进行消费，并在下一次发薪水的时候及时补充我们支票账户。我们这样做就可以保护好我们的储蓄，以备不时之需。但如果我们花光了我们账户里的所有钱，包括所有储蓄，并且还透支了我们的信用卡，那么再遇到紧急情况的时候，我们就没有任何钱可用了。这就好比完全耗尽了你的个体能动性储备。当你花光了自己支票账户和储蓄账户里的所有钱，并且还透支了信用卡，偿还债务和重新储蓄就会变成一件非常困难的事，你会感到力不从心，很难恢复到理想的财务状态。耗尽你的个体能动性储备，就像过度消费一样，会让重新补充你的个体能动性变得更加困难，因为你要想重新对自己进行补充，首先还需要偿还完非常多的债务。

正如我们在自我关怀章节中所讨论的，你必须拥有投资自己以获得更多能量的能力。如果你跌倒了，自己都没能力站起来，怎么可能奢谈重建自己的能力？此外，万物都还存在惯性。要启动一个静止的物体，你就必须克服其静止的惯性。比如说，为了启动喷气发动机，就必须消耗大量的能量使空气正常流动起来，于是商用飞机的飞行员通常会先启动一个小很多的辅助动力装置，它本身就是一个小型的喷气发动机，用它来为其中一个主引擎的启动提供动力。

相信在你管理自己的个体能动性储备时，不会希望自己被消耗到深度倦怠的地步。因为如果你接近这种状态了，将很难再重新恢复。如果你既想尽你所能地付出，同时又想为自己保留足够的储备，那么你可以通过设定边界来做到这一点。

对自己愿意和能够为他人所做的事情设定好边界

富有同情心的人时常会被边界所累。亨利·克劳德（Henry Cloud）和约翰·汤森德（John Townsend）在他们的畅销书《过犹不及：如何建立你的心理边界》（*Boundaries: When to Say Yes, How to Say No*）中，对"边界"这个词进行了推广。我们都需要对自己愿意和能够为他人所做的事情设定一个边界，因为这对保持我们的个体能动性储备非常重要。如果我们能够设定并保持一个边界，那么我们就不会完全被他人支配。这是正确的，我们本来就不是完全供他人使用的，我们应该适度地为他人所用。虽然有时候想要达到和维持这种平衡很难。

> 我们都需要对自己愿意和能够为他人所做的事情设定一个边界，因为这对保持我们的个体能动性储备非常重要。

边界有两种。一种是定义性边界，这种类型的边界是关于你如何定义自己的。有些事情你不会去做，因为这样做会改变你的身份。另一种边界是保护性边界。保护性边界不是永久不变的，它只是在一定的时间内帮助你休养、恢复，重新充满活力。这两种类型的边界对于维持你与他人的关系都是必要的。那么，你又该如何管理自己对自己提出的要求呢？

你对自我的要求越多，你就越迷茫

并非所有要求都来自外部。有时候，有些甚至是绝大多数对你的要求并不是来自他人，至少不是来自活生生的某个人。这些要求涉及你认为你应当成为什么样的人、你应该做什么，以及你必须做什么，而这些"应该""不应该"和"必须"通常来自你的成长经历，往往是已经去世的人曾经说过的话。例如，你妈妈说过你应该或必须经常整理床铺；你必须为教会里的那家人准备一顿饭；你应该参加同事的欢送会，至少你认为自己不得不去；等等。

许多人还发现，要成为好的父母或好的伴侣并不是来自别人的期望，而是他们对自己提出的要求。通常每个人都扮演多个角色，每个角色都对应有一套人们对自己提出的要求。这些角色可能包括成为好配偶、好父母、好孩子、好员工、好兄弟、好姐妹或好朋友，等等，不胜枚举。对这些角色提出的要求有时候甚至可能会相互冲突。其中，满足来自自己的"必须怎么样"的要求可能是最累人的。

回想一下你是如何料理家务的。通常你会有一个关于房间该如何保持整洁的期望，这种期望常常是在你小时候的经历中形成的。你知道在客人来之前房子应该是什么样子，因为你曾看到过你的父母按照你祖父母要求的标准，在客人到来之前匆忙地打扫和整理房子。无论你是否愿意，你可能都已经内化了这种做家务的要求。

我们不奢望通过三言两语就说服你摆脱所有或大部分的自我要求，但是我们希望你能意识到，虽然这些要求对你来说是真实存在的，但它们并不一定是必需的。尽管这样做看起来很困难或不可能，但当你准备好时，你是可以摆脱掉它们的，或者至少将它们调整到自己可以控制的水平。

只有双方都受益的支持才是最好的

在我们与他人的交往中，总是存在着交换不对等的情况。要么他们给你的比你给他们的多，要么你给他们的比他们给你的多。这没关系，因为无论是你支持其他人，还是其他人支持你，这种不对等交换所创造的价值对互惠双方都能产生积极的影响。

让我们来解释一下：当你得到支持时，你得到的可能是你自己无法做到的，或者你肯定不能像帮助你的人那样轻松地去完成。设想一下，当你提着杂货袋时有人帮你扶门的情景。你能把门打开吗？可能可以。但是你开门会像他们扶着门一样容易吗？可能不会。当人们搬运杂货的时候，扶门人扶门所耗费的成本，并不比搬运杂货的人同时扶门所耗费的更多。这样一来，交换的好处大于行为人所付出的代价。扶着门的人知道自己可以帮助别人，也能从中获益。

积极的交换不对等的核心是，你对他人的支持和他人对你的支持最终对双方都有好处。当然也有可能有些人并不会回报你，但这些通常不是你需要去维持的关系。

> 积极的交换不对等的核心是，你对他人的支持和他人对你的支持最终对双方都有好处。

了解了交换不对等，那么当我们为他人提供帮助时，就会有将来对方为自己提供的帮助可能会少的预期。

今天用命挣钱，明天用钱挣命，真的值吗

并非所有要求都是情感的或心理的，还有一些要求是身体方面的。比如，你的身体需要一定的睡眠时间，睡眠既能帮你恢复活力，还可以减少你使用个体能动性的时间。有时候你的身体可能会因为缺乏睡眠或压力过高而报复你，这时候你就有可能生病。在你从疾病中恢复之前，你的个人能力必然会下降，对休息的需求也会增加。

及时发现自己患有的慢性疾病并对其进行管理是非常重要的。在你患有慢性疾病的情况下，你需要花费一些个体能动性来对疾病进行管理。具体的做法可能是预约医生、吃药或者坚持体育锻炼等。无论怎样，慢性疾病必然会对你提出要

求并消耗你的个体能动性。发现并优先保障这些要求并对其他要求进行限制是非常重要的，因为这有助于保护你的个体能动性储备。

心理上的疲倦才是最后那根压倒你的稻草

虽然身体（生理）方面的要求会导致心理方面的要求，但有些要求直接就是心理方面的。这些要求大致可以分为两类：理性的和感性的。请注意，这里所说的不是理性与非理性，因为感性的要求并非就是非理性的。实际上，我们潜意识中的思想和感受常常比我们能够表达的任何理性观点都更加深刻。

理性要求

理性要求是指每天我们要完成的脑力劳动、思考及加工处理过程，这些理性要求可能会同时导致身体方面的要求，但也可能仅仅是理性方面的。

罗伯特曾是一名软件开发人员，现在仍然会不时地开发软件。从他每天所做的工作以及做事过程中受到干扰的情况，他一天中的大部分时间都处于心流状态。尽管这是非常富有成效的一种状态，但也会令人难以置信地疲惫。保持心流的要求很高，回报也很高。有研究显示，长期而言，在经历恢复期之后，无论是在特定的技能发展方面还是在情感方面，心流都可以有效地增强人们的个体能动性。

美国心理学家罗伊·鲍迈斯特（Roy Baumeister）等人的研究发现，在完成繁重的认知任务后，个体的能力会暂时受损。大脑能消耗的能量就那么多，它能做的也就那么多。当大脑全神贯注于解决问题、组织信息或完成其他执行功能时，它处理和过滤信息的能力就会下降。即使是相对直接和逻辑性的任务要求，其心理处理过程都会暂时地减少你剩余的个体能动性。

感性要求

感性方面的要求有多种形式，包括日常花费在人际关系和相互理解上的精力。其他时候，感性要求可能来自困难或意外，这种情况会迅速耗尽我们的个体能动性。

任何经历过情感困扰的人，都会告诉你他们所感受到的压力有多大。这种感觉就仿佛个体能动性浴缸底部的洞比浴缸本身还要大，即使周围都是支持你的人，你仍然会觉得不足。

你努力的回报是否超过了你付出的代价

人们应该如何决定满足哪些要求，忽略哪些要求？我们应该如何划定边界，让我们既能成为我们想要成为的人，又能使我们的个体能动性保持在一个健康的水平上？

我们需要考虑的一方面是，我们努力的回报是否超过了我们付出的代价。假设我们要自制肉桂卷作为圣诞节早餐。如果在平安夜做肉桂卷是一家人共同参与的一项活动，并且是每个人都珍视和享受的传统的话，那么这样做的收益是大于成本的；反之，如果有人是为了

> 我们需要考虑的一个方面是，我们努力的回报是否超过了我们付出的代价。

满足来自外部或自身的期待，而熬夜做肉桂卷的话，第二天早上他会疲惫不堪，因为并没有人会真正在意肉桂卷是自制的还是新鲜的，这样做的成本就会大于其

积极影响。同样的需求（制作肉桂卷）对于动作发出者有不同的影响。在第一种情况下，收益大于成本；在第二种情况下，成本大于收益。

归根结底，你是应该满足对方的需求还是委婉拒绝，就取决于一个简单的算式，即这样做的回报是否要高于你消耗的个体能动性。回报既可以是给你的，也可以是给其他人的，但要从根本上考虑这样做会为你的世界加分还是减分。如果整体看是减分，那么你就应该否决掉它。但话又说回来，学会判定某事会给自己加分还是减分其实也是一件困难的事情。

要求可能来自外部，也可能来自内部。它们可能是别人的期望，也可能是我们自己的期望。对我们个体能动性提出的要求会显著地受到我们自身视角的影响。关键在于，我们是将它看作我们必须满足的要求，还是我们可以去满足的要求？

特里发现，为人父母的要求就会因为她的视角而产生非常不同的影响。当她觉得自己必须做点什么来达到自己对成为好妈妈的期望时，这项任务就会让她感到精疲力竭；当她认为和孩子一起做事是一种享受的时候，这项任务又会使她感觉生活如此美好。活动本身没有不同，是妈妈的视角影响了她的个体能动性。恰当的视角可以帮助人们在面对任务要求时收获快乐并增加个人能动性，而不是将要求看作对个体能动性的一种消耗。

> **关于倦怠的小贴士**
>
> - 我们对施加给我们的要求进行调节，以避免我们的个体能动性被耗尽。
> - 在必要的情况下，我们所付出的可以大于我们所获得的，但我们必须意识到之后重新补充我们的个体能动性需要更多的时间和帮助。
> - 我们可以通过设定边界来管理施加于我们的要求，帮助我们为他人提供适度

第 8 章　越内卷，越倦怠

> 的帮助。
> - 我们对自我的要求常常来自我们过去的经历。我们需要对它们进行评估，以确定所谓的"应该""不应该"和"必须"是否确实必要。
> - 要求可能是针对身体的，也可能是针对心理的，我们必须对此进行评估以确定你能够完成的是什么。
> - 要确定完成一项活动所需的成本，应该结合它给别人和给我们自己带来的价值来进行权衡，这是决定我们应该怎么做的重要一步。
> - "想要做某事"与"你感觉必须做某事"通常是两种截然相反的视角。

倦怠自救

- 你会采用什么样的方法对施加于你的要求进行管理，以保留用于应付危机的个体能动性储备？

- 边界可以让我们不被他人任意支配，并且使我们适度地为他人所用。你会使用什么样的标准来维护自己适宜的边界？

- 什么时候你对自己提出的要求会导致交换不对等、负面影响大于收益？你需要怎样做才能尽早发现这种交换不对等？

- 视角可以帮助我们调整施加于我们的要求，把我们"必须做的事情"变成"可以做的事情"。如果你的个体能动性储备不多了，你会把哪些本来必须要做的事情变成选择去做的事情？

第 9 章

你的感知是如何被扭曲而失真的

Extinguish Burnout

A Practical Guide
to Prevention
and Recovery

第9章　你的感知是如何被扭曲而失真的

在前面的章节中，我们简单介绍了倦怠是如何产生的，并探讨了简化的个体能动性模型，将倦怠视为个体能动性耗尽后的状态，但我们一直都没有对个体能动性的感知问题进行探讨。实际上，个体能动性的能量大小与个体对其的感知状况直接相关。在本章中，我们将进一步对这个定义进行完善，以解释如果缺乏对个体能动性的感知会是什么样，以及对于预防倦怠和消除倦怠会有怎样的影响。在后面的章节中，我们还将深入探讨我们的感知是如何被扭曲而失真的，以及我们可以做些什么使它变得更为精确。

唯一能看到自己生活中的好与坏的人是你

在个体能动性模型中，个体能动性耗尽后会产生倦怠。因此只要你感觉自己还拥有个体能动性，就说明你还没有倦怠；反之，即使客观上你拥有感知结果、获得支持和自我关怀等个体能动性资源，但是如果你倦怠了，你是无法感知到这些资源的。因此，在客观的个体能动性资源与倦怠之间，还有一个重要的变量，就是感知。

在个体能动性模型中，我们涉及的变量都是现实变量，而倦怠是存在于我们感知世界中的一种现象。因此有可能出现这样一种状况，就是你的个体能动性实际上很高，但你自己却认为非常低。

> 倦怠是存在于我们感知世界中的一种现象。

此外，还有两个因素可能导致我们在个体能动性的感知方面产生很大的偏差，那就是"反馈"和"比较"。

反馈

卓越的人往往是通过反馈成长起来的。不是一万个小时的练习造就了大师，而是一万个小时有目的的练习造就了大师。仅仅参与练习和有目的地练习之间的区别在于，是否能够得到反馈，无论这种反馈是来自自己还是来自教练，它都能帮助我们提高成绩和获取更多的方法。我们需要注意有四种错误的反馈方式：（1）得不到任何反馈；（2）随机进行反馈；（3）糟糕的反馈，这会让你形成错误的印象；（4）忽略错过了你需要的好反馈。

缺乏反馈

想让人倦怠最有效的方法，是让一个人充满激情地去解决一个问题，但却并不给予他们任何成功与否的反馈。无论是谁，默默无闻的作家还是为了生计进行表演的喜剧演员，缺乏反馈都会让人们感觉自己没有带来任何改变。虽然说作家们会收到一些评论，或者与喜欢自己作品的人交谈，但作品的销量是多少？喜剧演员们也会收获观众的一些笑声，但是笑声到底是更多了还是更少了？为什么他们没能接到更大机构的演出邀请？那可能会为他们带来更高的报酬。

> 缺乏反馈都会让人们感觉自己没有带来任何改变。

当你把某人接受反馈的机会剥夺掉之后，他们将无法看到自己正在取得的进步，这会使他们感觉自己没有个体能动性，感觉自己没有发挥任何作用。

随机反馈

与没有反馈相比，更令人抓狂的是随机反馈。例如，有些人给你打高分，有些人对你嗤之以鼻；你在一些市场上有销量，在另一些市场则没有；喜剧演员们在美国西雅图市赢得了全场喝彩,但接下来在托莱多市的一周却经常冷场。

反馈的不一致性让我们很难描画出趋势变化图。想想关于全球变暖的争论。每天的温度都在变化,你怎么能够直观地判断出天气是否在变暖呢?事实上,如果反馈具有很大的随机性的话,也会使我们的大脑无法对当前发生的微妙变化做出明确的判断。我们也可能会因为没有感受到明确的进步而感到倦怠。

糟糕的反馈

有时候,正确的事情并不一定被理解。像美国脱口秀演员奥普拉·温弗瑞(Oprah Winfrey)这样的人也可能会因为不符合现在节目的要求而被电视台解雇。反馈可能是清晰的、一致的,但如果反馈是错误的呢?如果反馈告诉你说,你没有取得任何进步,你的做法永远行不通,或者你不足够优秀,那该怎么办?最终,你会感知到的自身的个体能动性可能会在这种负面反馈的重压之下发生崩溃。

糟糕的反馈的危害在于,要么由于反馈中没有任何可操作性的指导意见,要么反馈让你感觉自己完全是在背离成功的方向上前进,最终会让你产生无能为力感,让你无法坚持自己的信念。当糟糕的反馈到达一定程度的时候,你会失去对最终目标的关注,转而将注意力放在你身边的人身上。

忽略好的反馈

当我们内心的看法与他人的观点不一致时,我们自然倾向于相信自己。有时候这对我们来说是件好事,因为我们得到的反馈确实很糟糕。但有的时候反馈可能是好的,我们自己的看法却相反。对于那些遭受倦怠折磨的人来说,经常出现的情况是别人认为我们的工作做得很好,但我们自己却不这么认为。

由于存在这种脱节,会让我们对那些肯定我们的反馈不以为然。因为这些反馈与我们自己所感知的情况以及对自己的期望并不相符。造成的结果是,我们会贬低自己的成绩，进而影响我们的工作效率。

比较

在你看来，你也许正在干一件大事业，也许你是一方诸侯。但是当你将自己与他人进行比较时，你可能会发现自己并不很强，从而产生优势不保的感觉。事实上，客观的衡量标准并不重要，重要的是你的感受。如果你在一个小部分人有车的地方拥有汽车，你会认为自己很富有。但在一个人人都有两辆新车的地方，即使按照世界标准你非常富有，你也会觉得自己落后了。

当下，我们所拥有的社交网络，可以让我们与同事和朋友们保持联系。这一方面给整个社会带来了巨大的好处，但这也是有代价的。比如我们很容易认同如今美国暴力事件发生率的增加是因为人们获知的暴力事件变多了。而实际上，根据美国联邦调查局2018年的数据，美国目前的暴力犯罪率与20世纪90年代的高峰值相比是下降了的，但今天大多数人还是会说现在的犯罪率比过去更高。同样的道理，我们也会认为其他人过得比我们更好。因为只有我们既能看到自己生活中好的一面，也能看到坏的一面，而我们通过社交媒体看到的其他人的生活，就像是一个精彩集锦，它通常只展示了好的部分，会隐藏或忽略掉不好的部分。

> 只有我们既能看到自己生活中好的一面也能看到坏的一面。

微信朋友圈

英国心理学家罗宾·邓巴（Robin Dunbar）的研究表明，人们大约能与150个人建立稳定的人际关系。虽然今天大多数人在微信朋友圈上的好友都超过了150人，但这些大都不是稳定的人际关系，也就是说，我们并不能与这些人建立持续的私人交往。他们可能只是我们在日常生活的某些时刻认识的1000个人，我们只是可以窥视到他们的生活片段而已。他们参加毕业典礼时，我们能看到；

他们度假时，我们能看到；他们品尝葡萄酒时，我们也能看到。但几乎没有例外，当他们失败或陷入困境时，我们并不在场。我们会忽略他们花费几个月找工作的过程，只看到他们获得了梦寐以求的新职位；我们也不知道他们的孩子是如何接触到毒品和遭遇了危险；我们更不会被允许知道他们存在酒精成瘾问题。

可问题是，当我们把自己的个人进步与在微信朋友圈上看到的别人的进步进行比较时，我们会感觉自己过得并不好。我们看到的现实是我们不完美，我们的生活也没有那么棒。

领英

在职场的社交平台领英（LinkedIn）上，我们可以看到工作纪念日，看到人们的晋升信息，看到他们的作品得到了出版，看到他们取得了新的专利，看到他们所在的组织刚刚获得了一份新的荣誉。但在你自己的世界里，你似乎并不清楚怎样才能得到进一步的晋升。你正在努力让你的小公司维持下去，不知道下个月你是否不得不去找一份"真正的"工作。

有时，你会开始想"我完了吗？这就是我要做的一切吗"。别人似乎每天都有好事发生，但好事似乎从来没有发生在自己身上。但这其实是一种不公平的比较。最后，经过分析，你可能也知道，其他人和你一样会苦苦挣扎。但是，每周你会从自己的电子邮箱里收到许多展示他人成功的链接，而你的世界似乎是停滞不前的。

你用什么来衡量自己的进步

不用过多地去考虑你的个人目标是什么，以及你为什么要这样做。重要的是，要思考你对自己的期望是什么，以及你用什么来衡量自己的进步。有时候我们使用速度来衡量，但是刚开始时产生的变化肯定很小，在早期我们也许更应该关注的是变化的速率。

速度

如果你想知道从一座城市到另一座城市需要用多长时间，你首先需要知道两地的距离和乘坐的交通工具的速度。当你知道自己的目的地是哪里，并且知道自己的速度有多快时，你就能够计算出到达那里所需的时间。然而非常不幸的是，对于我们大多数人来说通常存在两个问题。首先，与地图上的两点不同，我们通常不知道我们与自己的目标之间的距离到底是多少。虽然有时我们可以对具体的距离进行猜测，但是无法知道它确切的数值。其次，对速度的感知还基于我们对反馈的解读能力。正如我们前面所讨论的，获得正确的反馈是一件很困难的事情。

假设你领养了一只几个月大小的小狗。如果你每天都能看到它，是很难看出它的变化的。但是如果你每周定期给它拍照，你就会发现它其实是在不断变化的。在拍摄几个月后，你对它的变化会有更好的认识。然而，我们的思想并不是照片。当我们在回忆的时候，我们的记忆往往会被扭曲和篡改。并且更重要的是，我们往往太过迫切地想要知道我们取得了哪些进步，想知道我们是否正在朝着正确的目标快速前进。这些都会影响我们客观地看待发生的变化。

尽管如此，要想获得好的感受，唯一的方法只有等待足够长的时间，因为只有这样变化才能显现出来。对参考点进行固定，可以为我们提供一种很好的测量速度的方法，就好比用相同的姿势在一个固定的物体旁边给小狗拍照，即使很小的差异也很容易被看到。当然，我们仍然需要留出足够多的时间。

在我们的个人及职业目标中，我们往往很少会设置固定的目标，或者对自己进行定期检查，以盘点我们取得的成绩。这就是为什么大声工作法是我们避免倦怠的有力助手。因为当我们使用大声工作法时，我们通过将自己情况与他人进行分享，可以让别人帮助我们反馈我们取得的成绩，并给我们提出调整的建议。

加速度

做出长期改变遇到的挑战还在于，有时我们太在意速度本身的变化。要知道，事物发展变化的速度也是在不断变化的。就好比你有一只刚出生的小狗，在最初的几周里，我们可能看到小狗的体重只增加了几磅，身高的增长几乎不到一英寸，但在第二个月里，小狗每周可能会增加10磅，它成长的速度越来越快。虽然小狗不太可能越长越小，但我们在做事的过程中，很多时候会感觉实现目标的速度在放缓。

有时候感觉实现目标的速度增长放慢了，甚至为零，也会导致我们倦怠。这种情况下，并不是说我们没有看到进步，而是我们感觉我们无法看到进步的速度进一步提高了。在这种情况下，定期地进行标记可以帮助我们看到我们取得的真实进步。虽然我们取得进步的速度可能会变慢，但我们要永远记住，无论我们把目标定在哪里，只要一直保持不断的进步，我们最终都可以实现我们的目标。

关于倦怠的小贴士

- 影响倦怠的直接因素不是我们实际的个体能动性，而是我们对个体能动性的感知。
- 反馈在对个体能动性的感知中很重要。有效的反馈需要具有一致性和正确性。
- 缺乏反馈、不一致的反馈以及糟糕的反馈都会造成个体产生自己无能或失败的错误感觉。

- 当我们将自己与他人进行比较时，很难找到衡量自己的客观标准。我们自己对世界的感知，通常与我们在社交媒体或交谈中看到的、听到的别人的精彩生活是非常不同的。
- 我们朝着目标前进的速度是难以衡量的。大声工作法可以为他人提供向我们进行反馈的机会，帮助我们看到自己取得的进步。
- 朝着目标取得进步是很重要的，即使我们发现自己取得进步的速度在放缓，看到和承认这种进步仍然是必要的。

倦怠自救

- 你是如何协调自己感知到的自身的个体能动性与别人对你的反馈的？
- 思考一下在哪些方面有哪些反馈是让你感觉痛苦的。这种反馈是一致、正确的，还是不一致、错误的？
- 你可以在社交媒体上看到别人的精彩生活片段。你的精彩生活片段有哪些？这和你的日常生活有什么不同？

第 10 章

你该如何看待自己的个人价值

Extinguish Burnout

A Practical Guide
to Prevention
and Recovery

第 10 章 你该如何看待自己的个人价值

我们的个人价值常常与我们的成就交织在一起。我们通常会在自己取得成就、出色完成工作或者获得他人认可的时候,认为自己是有价值的。但实际上,如果我们能够把我们的内在价值与外在事物相分离,我们就更不容易感到倦怠,也更容易消除倦怠。接下来,我们一起探讨一下应该如何看待我们的个人价值。

为什么生活在富足年代,你却始终会有匮乏感

匮乏感一直影响着我们人类,今天依然如此。我们一直认为,如果我们变得更好,我们就会更加安全。因此,为了安全,我们会要求自己必须做到最好。并且,由于我们常常并不清楚应该在哪些方面做到最好,因此会盲目地想要在每件事上都做到最好。我们一直生活在匮乏感的阴影下,这使我们很容易产生倦怠。

人类历史可以说是一部生存斗争史,虽然我们现在生活在一个物质非常丰裕的年代,但匮乏感的种子仍然埋在我们每个人心中。当我们在与他人竞争中失败的时候,我们内心的匮乏感就会涌现出来。我们会想知道自己在哪方面做得不够、究竟是哪里出了问题,以及为什么我们没有赢,等等。当我们面对技术创新带来的巨大变革而又不知道它会将我们带往何处时,我们也会产生匮乏感。例如,美国网约车公司优步(Uber)和 Lyft,已经从根本上颠覆了传统的出租车业务,全美各地的出租车司机都在思考如何继续生存下去;而自动驾驶汽车的出现,让汽车经销商们开始担心人们在未来是否还会购买传统汽车;加油站老板们

则开始担心以电为动力的电动汽车在未来的某一天会完全取代烧汽油的汽车，到时候他们该靠什么生存？

匮乏感的根源其实是恐惧。人们在内心深处会担心没有能力为自己和家人提供基本的生活必需品。生活必需品本来是指食物和住所，但随着社会的发展，生活必需品的内涵也在不断变化。比如说，在当今社会要想生活得更加安全和便利，手机就成了生活必需品。

> 匮乏的对立面不是富有，而是足够。

由此我们可以看出，我们对物质匮乏的担忧会转化为恐惧。匮乏的对立面不是富有，而是足够。

不是每件事你都能做到最好

我们常常错误地认为，如果我们不能在每件事上都取胜，我们就还不够好。

在当今世界，我们会发现自己在很多方面都不够成功或者不够接近成功。在铁人三项运动出现之前，我们可能感觉自己身体还是很棒的；在遇到火箭科学家之前，我们可能对自己的智商还算满意；我们自认为是一名很出色的演说家，但当有的论坛没有邀请自己后，我们就会觉得自己一定在哪些方面做得不够好。

类似的事数不胜数，我们总能找到许多事情是我们无法做到最好的。如果我们能把每件事都做到最好，那我们就不是凡人了。因此，当我们把自己放在不同的类别中进行比较时，我们要接受自己无法事事第一的现实，因为这是意料之中的事情，即使这样的结果并不令人愉快。

事实上，即使你无法成为世界第一，无法成为世界上最好的钢琴演奏家、小提琴家或核科学家，你也可以生存下去。我们的问题在于对"足够"使用了错误的衡量标准。我们把关注点放在我们是否赢了或者是不是做到了最好，而不是我们做得是否已经足够。我们不把每个人都变成客户，可以吗？我们不赢得每一场比赛，可以吗？答案是肯定的，尽管有时我们过于狭隘。我们狭隘地认为，如果我们不完美，如果我们不能一直获胜，那么我们就不够好。其实，这是一种错误的想法。事实上，我们每个人都拥有足够的能力去生活、生存，甚至走向繁荣辉煌。

如果我们继续成为恐惧的牺牲品，我们永远会看到有人比我们更漂亮、更快、更聪明、更富有，而我们也将永远感觉自己不足以生存下去和获得快乐。我们需要知道和接受，在这个世界上总会有人比我们更强和更好。

此外，我们过于关注自己遭遇的失败。当我们申请在会议上发言被拒时，我们可能会感觉受到了打击。我们会想为什么我们还不够格？为什么那么多人都有机会发言而我们却没有？顺着这个思路走下去，我们可能还会联想到或许大家已经忘了我们是谁和做了什么，也不会有人再找我们咨询和购买产品了，最终我们将失去工作。我们不仅仅担心这次被拒绝，还会将这次拒绝投射到将来。我们把注意力过多地放在了我们没有赢的地方，而忘记了就在遭到拒绝的同时，我们还收到了其他好消息，比如获得了某个奖项或荣誉。

即使创造不了什么价值，你也是有价值的

虽然我们被统称为人类，但这个世界会根据人们的成就及其职业，给他们贴上各种各样的标签，如修理工、消防员、警察、企业家等，但标签的背后都是一

> 当我们把自己的价值归因于正在做的事情时，我们往往就会忽略掉一个事实，那就是即使我们什么都不做，我们本质上也是有价值的。

个个男人或女人。我们需要知道，即使我们什么都不做，我们仍然是完整的和重要的人。

但对很多人来说，他们会认为，如果自己没有做事情就没有任何身份。当我们把自己的价值归因于正在做的事情时，我们往往就会忽略掉一个事实，那就是即使我们什么都不做，我们本质上也是有价值的。当你与老年人或快要离世的人交谈时，你会发现人们最珍视的是人际关系而非物质，因为人是最有价值的。

自尊心太强的人往往更容易倦怠

有一些自视过高、自命不凡的人被称为自恋者，这样的人非常容易产生倦怠，因为他们认为自己拥有超凡的力量，环境和机遇都无法左右他们的成功，他们可以改变一切。但当他们失败时，由于他们不会找自己的原因，因此会感受到巨大的压力。

他们之所以很容易产生倦怠，是因为机遇确实出现了，但他们还是失败了，这极大地冲击了他们的世界观。他们必须接受这样一个事实：自己拥有超凡力量的自我认知是不准确的，或者失败是由别人造成的想法是不对的；如果非要说是别人的错，那只能说别人错在比自己强大、让自己遭受了失败。他们对自己拥有超凡力量的信念的崩塌，可能会让他们的自我效能感降低。

与之相反的是，那些看轻自己的人被称为缺乏安全感的人，他们总是习惯在做任何事情时都怀疑自己的能力，在事后怀疑自己做得是否足够好，他们大都处于无助或绝望状态。他们或者已经处于倦怠中，或者正在遭受着习得性无助或其他类似的痛苦。这些人的倦怠程度已经达到了峰值，已经有了永远无法实现目标的感觉。

此外，本杰明·斯波克（Benjamin Spock）博士在其所著的《婴幼儿护理常识》（*The Common Sense Book of Baby and Child Care*）一书中曾提倡，父母要多与孩子交谈，并鼓励和培养他们的个人主义意识。但有报道显示，他后来对这个建议感到后悔。因为虽然通过书中的方法，父母养育出了独立的孩子，但由于父母过分地溺爱导致孩子目中无人，会使他们的孩子充满优越感，感觉自己比父母还要优秀，最终导致父母很难和这样的孩子相处。

> 当你能够客观地看到自己既有强项也有弱点的时候，你会感觉更加自在和舒服。

由此可见，自尊的安全值不在两极而在中间，即你认识到自己能够把事情做好，但自己并非全能。当你能够客观地看到自己既有强项也有弱点的时候，你会感觉更加自在和舒服。

欣赏自己的好与坏，才能坦然接纳自己

要想坦然地接纳自己，需要能够理解并欣赏自己。这一点对于幼儿来说比较容易做到，他们很少为自己的形象担心或者去想自己应该是什么样子。对于他们来说自己的看法是最重要的，他们会把自己当作公主或冒险家，并且对自己感到满意。但随着年龄的增长，我们会越来越在乎别人对自己的看法以及期望，这会影响我们对自己的接纳程度，甚至会改变我们想成为什么样人的初衷。

我们要坦然地接纳自己，首先要知道自己想成为什么样的人。因为这个社会总能让我们看到自己在某些方面存在着不足，为了弥补不足，我们常常会陷入一种不断追求更多、更好的状态而不能自拔。因此，能够接受"认识到自己既不是最好的，也不是最差的"这个想法并非易事。只有当你能够认可自己是有价值的，欣赏自己的好与坏，相信每个人都有好与坏的方面时，你才能够更加坦然地接纳自己。坦然地接纳自己可以让你做自己，让你朝着自己的目标继续努力、学习和成长。在这个过程中，你会认识到你是谁以及当下你在这个世界上的价值。

关于倦怠的小贴士

- 匮乏的对立面不是富有而是充足，也就是常说的足够。
- 一个足够优秀的人并不意味着他所做的每件事都是最好的或成功的。
- 接受我们既强大又脆弱、既有好的一面也有坏的一面，会让我们更适应真实的自己。
- 要想看到自己给这个世界带来的价值，关键是要意识到自己已经足够好了。

倦怠自救

- 你认为自己是哪些领域的专家？在这些领域有没有比你更厉害的人？这会降低你的价值吗？

- 相信自己足够好可能是件很困难的事，事实上我们都已经足够好了。你认为自己在哪些方面做得已经足够好了呢？

- 思考一下你想成为什么样的人（这与你想要完成的事情是不同的）。你认为自己身上有哪些关键特质可以帮助你成为想要成为的人？

第 11 章

恰到好处的与人相处模式

Extinguish Burnout

A Practical Guide
to Prevention
and Recovery

第 11 章 恰到好处的与人相处模式

人与人之间的联系对预防和消除倦怠也有着重要意义。为什么单独监禁是对囚犯最大的惩罚？为什么体力孱弱的人类能够征服地球？这是因为人与人之间需要联系，而且人类也具有相互联结的能力。由于人类知道如何与他人沟通形成共识，所以才能够超越其他物种，合力一起征服地球，并且还将目标瞄向了其他星球。

> 由于人类知道如何与他人沟通形成共识，所以才能够合力一起征服地球，并且还将目标瞄向了其他星球。

本章，我们将围绕人与人之间的联系，对相关概念进行探讨。

为什么你多少都能读懂别人的一些心思

读心术是什么很好理解，它是读懂别人内心想法的能力，可以说是一种超自然的神奇能力。即便是现在，也有很多科幻小说把读心术和心灵感应当作素材。人类能够齐心协力做那么多事情的基础在于，我们具有预测他人想法的能力。每个人几乎都有不同程度的读心能力，我们多多少少都能读懂别人的一些心思。

我们可能自以为完全知道和清楚别人的想法和感受，但有时候我们事后才发现自己大错特错，往往经历过这些事情后，我们才会痛苦地意识到我们的读心能力是有限的。虽然我们对别人想法的判断常常是正确的，但不可能总是正确的。

我们读懂别人心思的能力也会有低的时候，我们也会犯错。由于我们的读心能力还没达到完美的程度，因此我们也常常会低估它的能力，错失很多创造奇迹的机会。

读心术似乎是人类所独有的一项特质。狗虽然可以读懂人的心思，但它们却无法读懂其他狗的想法，除非是在呼唤同伴玩耍的少数时刻。虽然鸟类和鱼类能够在没有任何外部力量协调的情况下成群结队地活动，但没有人会说一条鱼知道鱼群里的其他鱼在想什么。

我们创造共同意愿的能力，即在多人之间创造一个共同想法的能力，是通过读心术实现的。乔纳森·海特认为，这促使了语言的诞生。尽管人们已经做了大量的工作来研究分析我们的读心能力，但目前仍然无法确定它的运作机制。我们只知道它似乎是我们人类所独有的，它可以使我们共同努力发展。

放弃自己刀枪不入的幻想吧

人类所具有的读心能力可以将我们引向与他人更加深入的内在联系。当我们意识到自己具有独特的读心术天赋时，我们就具备了一种可以让我们与他人从信任走向亲密，或与他人产生深度联系的技能。

信任

我们能够读懂他人想法的能力，会让我们建立起一种自信，相信自己对他人想法的预测是正确的，相信团队中的其他人会按照我们的预期行事。这种信任是后天习得的，也会让我们相信我们对他人行为的预测是有效的。

但问题在于，我们的预测并不总是正确的，我们也会遭遇背叛。尽管如此，从长远看来，信任带给我们的好处要大于背叛带来的损失。因为相信自己知道别人将会如何行事，可以提高我们交流的效率。

简言之，因为我们自认为在一定程度上知道将要发生什么事情，所以我们会认为自己是安全的。

安全

从历史角度看，相信自己对他人的预测，会让我们放下防备。认为我们信任的人会在我们睡觉时保护我们，也会让我们反过来为他们做同样的事情。因为我们会保护他们的孩子，所以我们认为他们也会保护我们的孩子。这些做法可以帮助我们减轻个人负担并创造出一个安全的环境。

所以说，我们不断增加的信任感会增加我们的安全感。但还需要注意的是，这种安全感也会让我们更加容易受到伤害。

脆弱性

乍一看，脆弱似乎是一件坏事，仿佛我们都应该是刀枪不入的。然而这是一种错觉，而且是一种危险的错觉。刀枪不入意味着我们不需要任何人。脆弱会让我们为了共同的利益和防御一定的风险而与他人建立联系，而刀枪不入则会使我们单独行动。

人类并不是最强壮的动物，我们没有最锋利的牙齿，也没有最保暖的皮毛，几乎在所有方面，我们都比大多数动物更加脆弱。但也正是因为我们的脆弱，让我们学会了亲密。

> 正是因为我们的脆弱，让我们学会了亲密。

亲密

当你和某人关系特别紧密，让你感觉没有隔阂的时候，你就体会到了亲密感。亲密感并不是说你和另一人之间没有边界，它不是两个人的融合，也不是谁和谁的混淆。只是在这种状态下，你不用防备遭受别人的伤害，也不需要去辩解和伪装，就能做真正的自己。

我们所说的亲密不仅仅是指身体和性层面上的。我们所说的是一种你觉得没必要保护自己以免遭他人伤害的状态，可以是身体上的，也可以是心理上的。由于亲密的人之间不需要去警惕或投入精力防备对方，因此他们可以留出更多的精力去做其他事情，或者保护自己不受外部的伤害。

亲密使人拥有归属感，不必耗费精力去保护自己，这样的好处如此之大，那么为什么亲密关系还如此难以实现呢？答案是，让人们放弃自己是刀枪不入的幻想太难了！

如何与他人建立起安全互信的联结

尽管科学做了非常多的好事，但至少有一件是坏事。那就是，科学把我们从动物中分离出来，把我们从世界中分离出来，在某种程度上还分离了我们自己。科学告诉我们，原子之间以及分子之间都是分开的。然而与此同时，我们却发现原子会与其他原子形成原子键，然后连接成为分子链，分子可以结合在一起并与其他分子相连接。

宇宙在原子层面上本身是连接在一起的。在我们把事物分离成不同部分的过程中，我们会失去一些东西。单独的一个原子或分子是相当无趣的。但如果你把成千上万的原子和分子放在一起，在适当的比例下，可以创造生命，创造出我们无法想象的无限可能，整个宇宙会因连接而生机勃勃。

哲学与宗教

哲学和宗教对我们人类的联结会有什么说法吗？犹太哲学家马丁·布伯（Martin Buber）提到了一种基本的紧张感，即认为我们是分离的"我"和"你"。《我和你》（*I And Thou*）是他所著的一本书，该书认为应当从关系中去看待事物，特别是人，而不是将事物看成孤立的、没有联系的物体。不同的禅师对联结的需求有不同的表述，如"人类最根本的错觉是认为我在这里而你在那里""世上只有一个问题，就是物质与精神的融合"。

其实，世上最根本的割裂是认为我们的思维方式与宇宙的运作方式完全不同。我们认为，我们的身体与我们的思维是分开的，它们只是思维的传输设备。但如果我们对神经科学了解得越多，就越会发现，思维和身体其实并不像我们曾经认为的那样是分开的。由此可以看出，联结性是事物之间的重要特征。

同情与利他主义

"同情"是一个被用烂的词，但大多数人并不知道它清晰而确切的定义。此外，同理心和利他主义通常被视为同义词，但其实它们并不是一回事。

同理心指你拥有和对方共同的感受。如果说你对某人具有同理心，意思是指你理解他的处境。虽然同理心常和消极感受放在一起使用，但同理心本身仅指对他人感受的理解，并不限定该感受是积极的还是消极的。它与我们所说的"怜悯"看上去有些相似但并不相同。有了同理心，你就和对方建立了一种联结，彼此更加接近，就好像穿着对方的鞋去体会对方的感受。但如果你是一种"怜悯"的心态，那你基本上是在说"你真逊"。你认为你理解对方的感受，但同时你很庆幸自己不是他们。

同情则是指看到某人痛苦并希望减轻或消除这种痛苦。试图减轻或消除他人的痛苦，让同情比同理心更进一步。同情需要有同理心，但仅有同理心是不够的。不仅需要拥有同情心，还需要具有减少他人痛苦的愿望。具体而言，你可以用许多方式来表达你的这种愿望。利他主义就是一种方式，在这种情况下，你对减少他人痛苦的渴望变得非常强烈，以至于你愿意替对方去承受可能的不良后果。利他主义是推动我们社会进化的重要力量，也是我们人类可以主宰地球的原因之一，但它同样也是稀缺的。

从进化的角度看，当你为之牺牲的人也具有利他主义基因时，利他主义就是有意义的。你的家庭成员很可能携带相同的基因，所以在进化遗传学中，如果一个人的牺牲可以拯救许多人，那么整体来看这是一种净赢。很显然，利他主义导致失去生命的情况是一种极端情况下的例子，主要存在于人类文明初期。也许利他主义曾经意味着为别人而死，但在今天它有了更加广泛的意义，包括所有形式的"牺牲"，不一定是指真正的牺牲生命。利他主义在今天仍然是存在的，有时候警察和消防员会冒着生命危险来保护我们。

> 同情和利他主义也是造成倦怠的最大风险。如果你真的在拿自己的生命冒险，那么你一定是想有所作为，一定是为了一些重要的事。

利他主义的本质是人们生存过程中的一种联结。同情心是利他主义的基石，但同情和利他主义也是造成倦怠的最大风险。毕竟人的生命只有一次，如果你真的是在拿自己的生命冒险或者把自己置于危险之中，那么你一定是想有所作为，一定是为了一些更重要的事。

对话

联结是通过对话实现的。虽然我们可以用读心术来推断某人的意图，在一定程度上了解他的想法，但语言可以帮助我们增进对对方的理解。对语言的使用开始于对话，对话是一种传达基本信息的能力，对话是我们分享信息的过程。

有许多关于如何有效沟通的课程和项目，致力于采用不同的方法和技术，帮助人们减少对话过程中产生的误会。这方面有许多不同的技术方法，包括比较流行的积极倾听技术。然而从根本上说，更重要的有效沟通技巧在于如何纠正信息交换过程中发生的错误。这些是在与他人建立联结的过程中必须要做的事情，但仅靠这些仍然是不够的。

如果想要真正地了解对方的意图，你还需要进行更深层次的沟通，包括意图、信仰和价值观。有时候人们说他们就某一个特定的话题发起了一场对话，而这种对话应该是超越事务性的更高层次的交流，谈话内容应该是原则和价值观层面上的，可以透过表面现象解决深层次的问题。

此外，在交流的时候，我们大都无法意识到正在发生的交互模式，我们大部分时间采用的都是已经习惯的模式，而没有有意识地体会当下。我们习惯于熟悉的反应模式和自动的防御机制。例如，当有人说了一些对我们有威胁的话，或者更确切地说我们自认为有威胁的话时，我们可能就会不假思索地做出防御反应。这些防御性的习惯会阻碍我们去理解对方真正的意思。我们的目标是进行一场安全开放的和能展示我们脆弱性的对话，让我们尽可能多地去了解彼此的观点，促使双方达成共识，这一共识结合了双方的观点，而不是单方面说哪一方是正确的。这就需要我们在此过程中去有意识地觉察我们的对话和感受。

通过对话建立联结

对话是我们进行相互联结的方式。人类依赖于彼此之间的联结。自从人类发明了语言，我们就一直在努力用语言改进和提高自己的读心能力，以更加全面地理解我们周围的人。对话是人与人之间相互理解最快、最简单的方式，在理解的

倦怠心理学
为什么你什么都不想做，什么都不愿想

基础上，我们可以感受到我们是如此深切地需要联结。

关于倦怠的小贴士

- 我们或许可以明白别人的想法，但我们不能完全确定他们在想什么或有什么感觉。我们无法完全明白一个人的心思。
- 人类与生俱来就有与他人联结的需求，我们可以在此基础上创造我们的共同意愿。
- 随着信任和安全感的发展，我们可以在他人面前展示我们的脆弱。
- 脆弱可以带来亲密关系，这是建立深厚关系的关键。
- 同情是对理解的一种超越：同情是理解他人的处境，并希望减轻他们的痛苦。
- 人与人之间的联结靠的是对话、相互理解、彼此信任、展示脆弱性，以及建立亲密关系。

倦怠自救

- 你和谁不需要语言就可以沟通？
- 列举几个让你信任并且拥有安全感的人。他们在哪些方面给了你安全感？
- 想一下你和谁最亲密，无论是身体上的、情感上的还是智力上的？这种亲密感如何让你们之间的对话变得更容易和更有意义？

第 12 章

整合自我形象，获得内在力量与复原力

Extinguish Burnout
A Practical Guide
to Prevention
and Recovery

第 12 章　整合自我形象，获得内在力量与复原力

本章写起来很难，读起来更难，因为它与主流文化是相反的，是不合常理的。但是，我们还是希望你能把本章读完，因为这样做的回报不局限于防止倦怠上面。知道如何建立一个整合的自我形象，是获得内在力量和复原力的巨大源泉。

以千面示人到底好不好

我们所传承的文化告诉我们，在不同的场合要展示不同的形象。去教堂做礼拜时我们是一种形象；星期六晚上和朋友在一起时又会彻底变成另一种形象；与家人在一起时是一种形象，当我们工作时则又换成了另外一种。我们还被教导，当我们表现好的时候是怎样的一个人，当我们表现不好时又是怎样的一个人。当你可以同时对不同的人表现出好的一面和坏的一面时，这就变得很有趣了。我们变得着迷于划分、剖析和分离我们自己。

不知什么原因，我们竟然完全可以说服自己相信：我们在某一时间、地点和某个群体中是一个人，而在另一时间、地点和其他群体中成为另一个完全不同的人。但实际上，这就像海市蜃楼一样，只是一种表面上的错觉罢了。

勒温遗留的问题

认为"我们在不同的环境中是不同的人"是对库尔特·勒温（Kurt Lewin）观点的误解。库尔特·勒温是美国著名的心理学家、拓扑心理学的创始人，他认

为行为是人和环境共同作用的结果，即一个人的行为受其本质和所处环境的双重影响。换句话说，勒温认为在合适的条件下，你几乎可以让任何人做任何事。但关键问题是勒温函数是一个不透明的函数，你不确定到底哪些情况或环境会驱使你做某事，你也不确定自己是否会做坏事。

假设一下，你失业了，你现在的处境非常糟糕，家里也没有谁能帮助你。你已经花光了所有的钱，你和你年幼的孩子饥肠辘辘。如果这时候你有机会偷到面包和牛奶，而且不会被抓住。你会这样做吗？

人们最开始的反应往往是立即说"不"，说自己不是那种人，自己不会去偷窃。但等到静下心来，他们会开始自我怀疑。只要给人们留有足够长的时间，大多数人最后都会承认，迫于如此的困境，他们会去偷。但与此同时，他们不会也不应该给自己贴上"小偷"的标签，因为他们所处的环境为特定的行为创造了合适的条件。那么，这是否意味着他们在那种情景下变成了另外一个人呢？从某种意义上说，是的，我们将在稍后对此进行讨论。但从另一种意义上说，不是，生理上他们还是原先那个人。

虽然行为主义作为一种心理学哲学已经消亡，然而行为主义的影响依然还在。对勒温观点的基本误解是，你是什么样的人与你的行为是画等号的。而实际上，你的行为并不能反映你的全部。

边界的设定

刚才我们回避了一个问题，即如果你跨过了一个明确的边界，在某种意义上你就成了一个不同的人。如果你有一个明确的边界——你不会去偷东西，即使是环境迫使你偷了东西，这也会导致你人格的改变。违反自己边界

> 一旦跨越了边界，就意味着这个人发生了永远的改变。

的短期影响，可能会导致抑郁、愤怒、沮丧或许多破坏性的情绪；长期的影响会让你变成与之前不同的人。这并不是说你有了多个自我，而是指你的"自我"发生了改变。

有人可能会说，这就像物质发生的状态变化，水变成了冰。你只是在环境迫使你越界的时候才会改变。然而根据我们的经验，一旦跨越了边界，就意味着这个人发生了永远的改变。一个更形象的比喻应该是像煎鸡蛋，我们在煎鸡蛋时，鸡蛋会从液体永久地变成固体。这并不是说你不可以重新设定边界，而是指你的一部分将永远被这段经历改变。

展现部分

正如观众所熟悉的，电视节目主办方都会采取部分剧透的手法：在节目播出告一段落之前，他们会透露一点稍后即将上演的内容。通过这种方式，既激发了观众收看广告的兴趣，又吊足了观众渴望看到余下内容的胃口。当我们向他人展示部分的自己时，虽然与电视节目的播放机制会有所不同，但结果是一样的。别人只能看到我们的一部分，而且他们只能看到我们想让他们看到的东西。

我们的教友理解不了我们在周六晚上醉酒后的"放纵"行为，即使这其实并没有什么真正的害处，只是一些老朋友聚在一起寻开心而已，而且这些朋友都是在几年前的狂欢节之旅中结识的。仔细想想，估计我们的教友对我们的那次旅行也不会赞同。

如果你是一名狱警，你可能不会和你的朋友们分享你在监狱里是如何工作、如何对待那些被关押的人的。朋友可能无法理解你的工作，但这其实并不是你不告诉他们的真正原因。真正原因是我们认为他们不会认同我们的行为，我们需要和希望被别人接纳。因为这个原因，我们不能与朋友们分享那些不符合他们期望的生活片段。

于是，我们可能开始编造我们的部分形象，并根据我们的幻想来创造自己的形象。其实我们接触的每个群体对我们都会有不同的幻想。问题在于，我们最终可能会开始相信我们投射出的这个形象是真实的自我。

投射虚假自我形象的困难

投射形象是一件相对比较困难的事情。在投影物理学中，光的衰减是距离的平方。也就是说，距离光源越远，投影的难度就越大。举个实际的例子可能更有意义。

假设你拿着约四升的水或牛奶，如果你身边没这些东西，找约两千克的糖、面粉、土豆或其他任何东西都可以。请你用手把它拿起来靠近身体并和胸部保持一样高，保持这个姿势一分钟或两分钟。对于大多数人来说，让我们一直握着两千克质量的物体是很容易做到的，完全不费力气。下面请和刚才一样，持相同的物体，但需要你的手臂完全伸展并保持水平，试着这样保持一分钟或两分钟。你会发现，当你用手拿东西的时候，这个东西离你身体越远你越费劲。

这和我们展示自我形象时遇到的问题一样。当我们表现出的形象更接近真实自我时，我们会感觉更轻松。当我们表现的形象与自己完全不同时，我们会发现即使是很短的时间，在心理上也是感觉困难的。

当我们参加不适合自己的活动时，我们就能看到这一点。这种情况也许发生在一个豪华晚宴上，我们不确定该使用哪把叉子，或者在客套的交谈中应该说些什么。也许你本来就不喜欢看体育赛事，当你和朋友一起看比赛时，会因为不知

> 当我们表现出的形象更接近真实自我时，我们会感觉更轻松。当我们表现的形象与自己完全不同时，我们会发现即使是很短的时间，在心理上也是感觉困难的。

道在那种场合该如何表现出符合对方预期的形象而感到紧张。有时候为了确保自己被接纳，我们可能有必要表现出符合别人预期的形象，但如果持续地甚至长期地这样做是会让人精疲力竭的。

不被接纳

我们都希望被接纳。我们害怕如果我们暴露了自己的全部，就不会被接纳，有时的确如此。无论我们所在的群体或扮演的角色是什么，没有人会接受我们的全部。因此为了保护自己，我们仅仅会暴露我们认为可以被人接受的部分。

你可能要到之前很少去的朋友家里做客。当你去拜访他们的时候，他们通常已经提前安排好了，你能感觉到他们大概花了一整天时间来打扫房子。你应该不是一个爱挑剔的人，也并不会在意他们如何做家务。但在这些朋友的成长过程中，他们的母亲曾告诉他们必须把房子打扫干净才能让别人来家里。母亲的话导致的结果是，他们不愿让别人知道自己家里乱。因为对此比较敏感，他们可能不会问你是否介意去家里，而是会把活动安排在外面，即使这意味着更大的花销。比如有可能约你在餐馆见，而不是邀请你去家里吃饭。

那些不谈论工作的人又是什么情况呢？大多数警察都不愿谈论工作。这并不是说当你问他们做什么工作的时候，他们会沉默不语，而是说他们很少会敞开心扉地去介绍自己具体做哪些工作。因为他们的工作内容可能会让他们产生很多内心冲突，甚至他们自己也不清楚自己的确切想法。他们可能担心会被别人贴上怪物或残忍的标签，而少说或不说能够让情况变得简单得多。

另外补充一点，如果你的家庭成员不好谈论他们所做的事情，有一些做法可以让事情简单化。第一，不要评判他们的所作所为。因为他们是在完成自己的工作，他们在做自己认为正确的事情，他们必须这样做才能生存下去。第二，可以问一些不敏感的问题。比如"办公室的气氛如何",或者"你接下来会和朋友们做什么"。对他们来说,这些是安全的问题,能让他们畅所欲言而不必担心自己被人评判。通过这样做,你可以表明对他们的接纳,让他们感觉你愿意倾听他们谈话,即使他们不能谈论核心的工作内容。

不能改变现实,但可改变你对现实的看法

既然为了维持不同的自我形象需要花费那么多的精力,承受那么大的压力,那是不是拥有一个整合的自我形象要简单得多?然而大多数人会发现,拥有一个整合的自我形象也并不像人们想象的那么好。

不匹配

拥有不同的自我形象带来的便利之一,是你可以被允许拥有与整体不匹配的部分。毕竟只要你不试着让两部分融合,你就不用担心你所扮演的两个身份会格格不入。如果你可以将二者分开,那你就不用费力让二者适配。

你希望自己在工作中是值得信赖的好员工,在家里能够永远满足家人需要,无论是钢琴独奏会、棒球比赛还是专利商标局的会议,你都能应付自如。在整合自我形象的过程中,你必须找到通过清晰而简单的思路让不同形象协同工作的方法。你应该知道,你不可能永远待在办公室,在办公室里当家长,因为二者是冲突的。由于一个人无法同时做两件重要的事情,你必须想办法去协调不同的事情。

你可能会在心中把一切安排得很好,比如,每周通常工作40个小时,偶尔

一周工作 45 小时，但一个月不超过一次。除了每年参加的为期两天的学校实地参观活动，如果需要参加学校的活动，那就在当天晚上把占用的工作时间补上。个别时候，比如上周帮孩子们在学校举办了派对，由于需要把工作补上，因此暂时不能帮孩子完成家庭作业。

前一段话仿佛把事情安排得非常有条理，但事实上想要完美地实现它并非易事。因为在生活中，想要把边界和规则如此清晰地表达出来是很困难的。这是一种简化的说法，并且在上述例子中，我们只涉及和考虑了专利商标局的工作日程，还没讨论你或者你的配偶出差的情况，也没有探讨什么时候你应该有例外，什么时候不应该。

这就是建立一个整合的自我形象的困难所在，你必须对冲突进行修复，对边界进行定义，甚至为例外设置合适的准则。由于生活的复杂性，想要做到这些是非常困难的。但这还不是建立整合的自我形象最困难的部分，最困难之处在于接受自己不喜欢的部分。

也有缺点

当你只看一幅画的一部分时，很容易把注意力集中在好的方面而忽略它的缺点。确实，虽然所画的狗尾巴是模糊的，但其余的构图真的很好。但是当你拥有一个整合的自我形象时，你必须去看它的全部，你必须审视自己不喜欢的部分。

无论是我们的身体形象、智力、财务状况还是精神状态，我们总会有一些自己不喜欢的觉得需要改进的地方。如果我们拥有多个自我形象，就很容易掩饰这些不喜欢的地方，但如果我们只想要一个自我形象的话，想要掩饰这些可就困难多了。

我们的理想与本能一直存在着冲突。要想变成我们希望成为的人，我们就必须采取行动，即使我们更愿意做的可能是把被子盖在头上躺一整天。如果你每个周末都想出去闲逛，那么你脑子里很难有乐于助人这个概念，也不会成为这样的人。

成熟

我们把解决这些冲突的过程称为"成熟"，而且就像我们和孩子们经常说的"成熟的过程很艰难……""但回报是值得的"。解决自我形象与行为之间的差异是困难的。我们的理想和信仰常常被迫向现实妥协，我们常常并没有我们所认为的那样好。

> 解决自我形象与行为之间的差异是困难的。

但无论如何，这样做可以帮助你减少惊人的生活压力，帮你节省能量，让你每一天更有活力。如果你从未经历过多个自我形象带来的负担，我们很难解释不承受这种负担是一种什么样的感觉。这有点像戴眼镜和不戴眼镜之间的区别。在你戴眼镜或隐形眼镜之前，你认为世界就是你所看到的，你也能应付。但是戴上眼镜后，你会有一种前所未有的清晰感，看世界或者至少看东西会更加容易。

整合的自我形象并不能改变现实，但它可以改变你对现实的看法。

关于倦怠的小贴士

- 文化告诉我们，我们是"多个"人：在不同的情况下，我们是不同的人或拥有不同的形象。
- 你比你的行为展示出的或者预测出的自己更有价值。
- 表现出一个与自我形象不一致的形象，会让你精疲力竭。但由于我们可能认

第 12 章 整合自我形象，获得内在力量与复原力

为真实的自己不会被别人接受，所以为了被别人接受只能这样做。
- 解决掉"不同的自我形象""行为"，以及"对自己更为现实的看法"之间的矛盾，是迈向整合的自我形象的艰难而又必要的一步。

倦怠自救

- 我们都拥有多个形象，有时它们是相互竞争的，请列出一些你拥有的形象。你会在什么情况下展示出每一种形象，你会和谁一起分享它？
- 思考一下你使用上面的形象的实例。这些形象是如何反映出你真实的自我形象的？
- 有哪些可行的方法可以帮助你调整你的各种形象，使之成为一个更加整合的或现实的自我形象？

第 13 章

过属于自己的生活，
而不是别人期望你过的生活

Extinguish Burnout

A Practical Guide
to Prevention
and Recovery

大多数时候，我们的目标隐藏在暗处。我们不知道我们到底想要什么或者如何去实现它。但无论我们是否意识到我们想要什么、我们要去哪里，或者我们的具体目标是什么，我们都会受到它们的影响。我们越清楚自己想从现实生活中获得什么，我们就越能够抵御倦怠，越能够找到一条更加清晰的消除倦怠之路。

> 我们越清楚自己想从现实生活中获得什么，我们就越能够抵御倦怠。

越清楚想要得到什么，你越不会倦怠

在深入探讨我们的个人目标之前，我们先解释一下什么是目标。很明显，目标是你想要的东西。在 SMART 目标和愿景之间还有一个中间过渡带。

SMART 目标

SMART 是由首字母构成的缩略语，具体包括以下含义：

- S——specific（具体的）；
- M——measurable（可衡量的）；
- A——achievable（可实现的）；
- R——realistic（实际的）；
- T——time-bound（有时限的）。

SMART目标可以用于组织中的个人绩效方案，也可以用来对项目进行评价。好的SMART目标是具体的，它们必须在一定程度上可以被直接测量出来。当一天结束的时候，你会希望能够简单明确地判定当天的目标是否已经实现了。

但SMART目标与我们所说的个人目标是不同的。个人目标不能太具体，否则可能会给我们带来挫败感，因为我们并不能确切地知道我们的世界将会变成什么样子，我们也无法让自己的个人目标具有太强的可测量性。哈佛商学院教授罗伯特·波曾（Robert Pozen）曾在他的著作《极限生产力》（*Extreme Productivity*）中解释说，当他试图构建自己的世界并朝着自己的目标努力时，经常会受到运气和计划的影响。个人的生活目标与SMART目标并不相同，个人目标更像一种方向或愿景。

愿景

SMART目标与愿景是相反的两个极端。二者之间的区别就像"去一个特定的地址"和"简单地向西走"。具体的目标大家都理解，而在愿景情况下并没有具体的目标。让人们行动起来的方法是将个人目标置于这两个极端之间，使它们既足够具体，可以在一定程度上被衡量，同时又足够开放，能够允许一些变化的存在。

中间地带

找到一个既可衡量又可调整的中间地带很重要，这样如果你正朝着一个大致的方向前进，那么即使遇到道路封闭也不会有太大影响。但如果你要去一个特定的目的地，道路封闭可能意味着会有重大变化。生活中我们有时会遇到一些道路封闭的情况。我们必须明白如何制定目标，使确切的路径和具体的结束时间不会一成不变，以便我们可以更好地适应沿途的变化和挑战。

第13章 过属于自己的生活，而不是别人期望你过的生活

生活存在着一定的不确定性，也就是说，我们无法肯定所有假定的事情都会发生。我们只能评估某件事情发生的可能性并朝着一个目标去努力。我们无法保证明天早上八点就一定能够上班，我们只能说我们会制定这样的目标，并希望在条件允许的情况下能够达成。我们的目标越具体或越 SMART，我们就越要接受这样的事实——环境可能会让它变得不可能。

个人目标

归根结底，当我们考虑个人目标时，我们需要思考我们想要的是什么。个人目标既要足够宽泛，以适应生活中的各种变化；又要足够具体和可衡量，以明确知道我们是否已经实现了它们。

我们还需要考虑的是，当我们设定目标时，一般不要给目标设置停止符。也就是说，我们的目标应该是成为最好的音乐家，而不是在卡内基音乐厅演奏。在卡内基音乐厅演奏只是在合理预期内的一个结果。我们之所以不应该把最终目标设置得太具体，是因为突然实现个人生活目标往往会让人们迷失方向。你会变得容易倦怠，是因为当你实现具体的目标后就没有前进的方向了，并且你可能会在一段时间内都没有新的目标，这可能又会让你陷入迷茫无助。

此外，对个人目标的另一个考量和建议是你不应该只有一个目标。尽管可能有人让你只确立一个目标，但为生活的不同领域设定一系列目标会更加安全。因为在通往个人目标的道路上，不时地遇到阻碍是很自然的事情。设立多个目标的好处在于，即使你暂时在生活的某个方面处于困境，但你仍然可以看到自己在其他方面取得了进展，你的韧性也就越来越强。

> 设立多个目标的好处在于，即使你在生活的某个方面暂时处于困境，但你仍然可以看到自己在其他方面取得了进展，你的韧性也就越来越强。

人生尽头，不要因有想做而没有做的事情懊恼不已

哈佛大学管理学教授克莱顿·克里斯坦森（Clayton Christensen）在其著作《你会如何衡量自己人生》（How Will You Measure Your Life）中提出了一个尖锐的问题："如果你现在正处在生命的尽头，当你和好朋友聊你生命中最引以为傲的事情时，你会说些什么？"这个问题提得很好。

澳大利亚作家布罗妮·韦尔（Bronnie Ware）在其著作《临终前的五大遗憾》（The Top Five Regrets of the Dying）中则采用了相反的方法，她在书中记录了她作为姑息治疗护士时听到最多的五个遗憾：

- 我希望自己有勇气过真正属于自己的生活，而不是别人期望我过的生活；
- 我希望自己没有那么努力地工作；
- 我希望有勇气表达自己的感受；
- 我希望能和朋友们保持联系；
- 我希望能让自己更加快乐。

重要的是要意识到，这些遗憾——全心全意地生活、享受生活、与他人建立更多的联系，往往与他们之前为自己设定的目标相反。沃顿商学院教授亚当·格兰特（Adam Grant）在《离经叛道》（Originals）一书中分享到，有些人对自己没有做的事情的后悔，多于对自己做过的事情的感激。

以上作者的表述是适用于所有人的通用答案，然而我们怎样才能使其具体应用到对我们来说重要的事情上？虽然上述表述可以为我们提供基本的参考，但我们每个人都有必要单独列出自己的清单。

第13章 过属于自己的生活，而不是别人期望你过的生活

遗愿清单

也许你对"遗愿清单"这个词并不熟悉，遗愿清单上的事情不是让你引以为豪的事情，它是指你在死亡前想要做的事情。遗愿清单也经常被说成你想要尝试去做的事情，或者你想要去的地方。它们可以是你想要完成但却又极少实现的事情。

遗愿清单往往是非常个性化的清单，虽然它们本身不是个人的生活目标，但它们可能是一个整体。例如，我们（本书的作者）的目标是看遍美国的所有灯塔，而针对该目标的遗愿清单则非常灵活。一是，我们具体怎么去看岛上的灯塔？二是，如果我们已经看过一些灯塔了，是否还要租船再去看一遍？三是，如果我们将美国所有的灯塔都看过了，我们是否还要将目标范围扩展到加拿大？

我们鼓励你创建并不断更新你的个人遗愿清单。如果你觉得一些事情不值得你花力气去做，你可以删除它们，还可以在你又对它们感兴趣时再添加上。这个练习的意义不在于你会从清单中删掉什么，而在于你可以让自己以开放的心态去感受什么，对你来说是有趣的或重要的。虽然你想要完成的具体任务可能无法透露更多关于你的信息，就像你仅仅是知道我们想要去看灯塔一样，但这个过程是有好处的，可以将你与对你来说重要的事情联结起来。

悼词

另一种思考你的目标应该是什么的方法可能稍微有点让你无法接受，即想象一下希望在自己的悼词里说些什么。追悼会上，当你的妻子、你的孩子或你最要好的朋友站出来告诉世人那些最能代表你的事情或你最大的成就时，你会发现悼词的内容都不会是一些可实现的具体目标。例如，在卡内基音乐厅演奏可能不会被选上，也不会讲看遍美国所有的灯塔。参加过葬礼的人都知道，悼词说的往往是一个人一些持久性的特征，可能是你极富同情心、充满仁慈之心，也可能是对

学习的渴望,或是对造成人们伤害的制度的蔑视。无论你希望别人怎么评价你,这些都是你想成为什么样的人的潜在目标。

把一项持久的特征转化成一条拥有更加具体目标的前进道路,并非总是一件容易的事情,但至少它可以让你知道自己前进的方向。

从死到生

毫无疑问,上面提到的练习或许让你不舒服。但我们发现,这可能是让人们能够有足够长的时间去面对自己的死亡,从而发现什么对自己是重要的唯一可靠的方法。我们设计的通往生命尽头的精神旅行,是为了弄清楚什么对自己来说是最重要的。那么,我们又该在生活中如何将这种习得的成果,转化为给自己带来幸福和满足的实际行动呢?

多问"为什么"能帮助你发现你真正想要的

美国专栏作家西蒙·斯涅克(Simon Sinek)建议,我们在所有活动中都应该先从为什么开始,以此来激发人们的行动。我们应该告诉人们为什么这样做很重要,而不是只告诉人们该做什么。但在实际生活中,我们却很少告诉自己或费心去探究我们为什么要做某件事。当反复被询问"为什么"的时候,它可能会成为一个强有力的问题。

明晰手段和目的

多问"为什么"可以帮助你发现你真正想要的是什么,以及什么只是达到目的的手段。手段和目的的分离最早可以从亚里士多德所著的《尼各马可伦理学》(Nicomachean Ethics)一书中找到。简单地说,手段是我们为了得到最终想要的东西——达到目的而做的事情或想要的东西。例如,我们想要得到一份工作可能并不是因为我们喜欢这份工作,更有可能是想要工作带给我们的东西,如金钱或地位。再比如,我们养狗的目的不是为了养狗本身,而是因为我们需要伙伴或者我们想要抱着毛茸茸的东西。通常,当深入分析我们想要的东西后我们会发现,这其实并不是我们真正想要的,我们只是认为它能够让我们达成某个目的。

这里要小心的是,有时候一个人的目的可能是另一个人的手段。比如,有人想买一辆车,这辆车就是出行的交通工具、出行的手段;也有人想买一辆车,可能就是想拥有它。对于什么是手段、什么是目的并没有严格的规定,我们必须找出哪个是手段、哪个是目的,这就需要通过问为什么来实现。

问五次"为什么"

想要深入问题的核心,有一种方法是持续地追问"为什么"。在对事物的根本原因进行分析时,通常要问五次"为什么"。这种方法可能会令人感到重复和沮丧,像在回答一个小孩子的提问。但如果你能用正确的心态去做这件事,它可以帮助你一步步最终达到目的。

需要注意的是,有时候即使看似找到了最终的答案,我们依然可以继续追问"为什么",因为有时在我们所知的工具性欲望之下还存在着更深层的欲望。我们也许并不需要汽车来作为运输工具,但它却可以彰显我们的身份。

目标的偏差也会导致倦怠

当你的目标和周围人的目标尤其是工作目标不一致时，会发生什么？你该怎么办？简单地说，任何严重的偏差都可能会导致倦怠。你的目标可能无法得到支持；你可能会得到一个糟糕的结果；在一个对你重视的事物不重视的环境中，你可能很难实现自我关怀。针对这种情况，你实际上有两种解决方案：（1）把你的目标调整到与周围更加一致；（2）你还可以寻求其他的机会。

使目标趋于一致

在事物协调一致方面，你还有两个选择。你可以改变公司的目标，或者改变自己的目标，但你必须至少改变其中一个，以使它们能够一致。这两件事虽然都不容易做到，但也都是可能做到的。

大多数组织在运行时，都没有清楚地理解自己的核心目标和理念。此外，这些目标在不同部门实现的方式也不尽相同。这种目标的缺失和不一致性其实也为改变创造了机会；相反，如果你的组织有一套清晰的、被大家理解且认同的目标，那么改变这些目标反而是件很困难的事，因为目标已经被定义好了。

改变自己的目标似乎比改变组织的目标更加容易，但如果是改变你根深蒂固的目标则要困难得多。当你的临时目标与组织目标不相抵触的时候，你更有可能调整自己的临时目标。你可以将你的短期或暂时目标转向更多地了解自己、行业或技能上，以实现你的最终目标。这种暂时的调整足以让你在一段时间内消除倦怠，因为你需要投入地做那些事情来实现你的最终目标。

> 你可以将你的短期或暂时目标转向更多地了解自己、行业或技能上，以实现你的最终目标。

到外部寻找机会

如果你无法调整其中任何一个目标，或者发现它们之间存在的偏差太大，抑或是你已经无力维持调整后的目标，那么这时候你更适合到组织之外去寻找机会。在寻找一个与你的目标更一致的新公司时，最大的挑战往往是一个组织所信奉的理念与其实际所持的理念并不匹配。这时候，你就不能仅仅依靠面试来判断它们是不是你合适的选择，你还需要具备敏锐的观察力和问一些尖锐的问题。如果你正在寻找合适的公司，那么你不妨问以下这样的问题：

- 请给出一个贵公司的价值观受到考验的例子，你们是怎么解决的？
- 你认为贵公司在过去五年中面临的最大挑战是什么？

这类问题会迫使该组织谈论它们历史上的困难时刻。你需要为冗长而微妙的回答做好准备，注意观察和分析它们的回答，并从中找到自己需要的答案，这能帮助你了解该组织的目标和理念是否与你的相一致。

关于倦怠的小贴士

- 确定我们从当前的生活和现状中想要什么，有助于培养应对倦怠的抵抗力。
- 目标可以是非常详细的 SMART 目标，也可以是有点模糊的愿景。
- 我们制定的个人目标既需要足够的宽泛，以适应生活的变化；同时，又要足够的具体和具有可衡量性，以便我们了解目标的实现情况。
- 在生活的不同方面设定多个目标，并且不给自己设定特定的停止符，可以让你避免陷入停滞或无目标状态，让你不断地朝着目标持续前进。
- 去思考你想让别人知道或记住自己的是什么，这可以为你制定目标提供参考。

倦怠心理学
为什么你什么都不想做，什么都不愿想

- 遗愿清单与个人目标是不同的，它是你想要去做的事情。遗愿清单可以帮助你敞开心扉，了解什么事情对你来说是有趣的或重要的。
- 在考虑一个目标时，要问清楚它为什么重要。这是非常有用的，因为通过这种方式你可以弄清楚什么是手段、什么是目的，并找到某件事重要的终极原因。
- 当你的个人目标与组织目标相一致的时候，你就能够抵御倦怠，并有助于你实现个人目标。

倦怠自救

- 你生活中的三个主要领域（可能是工作、家庭、社交、体育、个人等）是什么？
- 选择你生活中的一个领域并列出你在该领域的三个目标。请注意让目标保持足够宽泛以应对变化的发生，同时这些目标还需要具有可衡量性。
- 对于你制定的每个目标，请通过连续问五个"为什么"，来更好地了解你真正想要的是什么。
- 请思考你的目标是否与你的实际状况一致。如果不一致，你如何让它们更好地保持一致？

第 14 章

目的和意义能让你感到无论成败，奋斗都是值得的

Extinguish Burnout
A Practical Guide
to Prevention
and Recovery

第 14 章 目的和意义能让你感到无论成败，奋斗都是值得的

倦怠最常见的症状是缺乏动力，这也是我们感到好奇的地方。倦怠的人睡醒后会疑惑，自己如此努力地去做那么多事情，但为什么还是感觉没有取得任何进展，仿佛每天都在泥泞中行走却看不到尽头。其实，通过了解有哪些激励因素，我们可以学会如何激励自己。这样我们就可以在面对日常生活压力时，无论速度有多慢，都能一直取得进步。

> 通过了解有哪些激励因素，我们可以学会如何激励自己。

我们在本章中除了探讨动机之外，还将探讨目的和意义。因为是目的和意义推动着我们前进，并且无论成败都让我们觉得奋斗是值得的。

学不进去，玩不痛快，睡不踏实，浑身不得劲，是你吗

是什么促使人们想要做某件事情？是动机。动机非常微妙，它会不断地变化和调整，也可以被巧妙地操控。纵观人类历史，我们主要看到两种动机模式被交替使用。而在我们现在所处的时代，我们的个人动机好像是由我们的创造性天性形成的。下面，我们会快速地回顾一下动机的生物学理论以及胡萝卜加大棒模型，并在最后谈谈创造性模型。

生物性动机

所有接受过高中教育的人可能都听说过马斯洛需求层次理论。在该理论中，

马斯洛描述了动物是如何将精力集中在最紧迫的需求上，并在基础需求得到满足后转向更高层次的需求。最低层次的需求是生理上的，如对食物和水的需求；往上是安全上的需求；再往上是爱和归属感的需求；比较高的两个层次是尊重和自我实现的需求。

马斯洛提出的需求层次理论模型非常有价值，但其表达的信息并不完整，因为人类并不总是按照该模型的顺序来追求这些需求的满足的。例如，很多饥饿艺术家①（starving artist）为了自我实现的需求而放弃了生理需求。虽然我们的一位艺术家朋友说，艺术家们并不是真的在挨饿，但他们的确至少放弃了一些安全需要。

胡萝卜加大棒

虽然马斯洛需求层次理论可能很有趣，但它并没有真正说清楚雇主和其他人是如何激励你，或者你是如何激励其他人的。你在上高中时可能还学到过巴甫洛夫和他的狗的实验。巴甫洛夫通过总是在喂狗之前按铃的做法，最终使狗在一听到铃声时就会分泌唾液。这个实验可谓经典条件反射的动机模型的基础，经典条件反射涉及与某些刺激相关的无意识反应。在经典条件反射中，中性刺激与有意义的刺激（无条件刺激）产生联结，并获得诱发类似反应的能力。无论你是否控制了刺激，只要某件事发生或者你执行了某个动作，就会有一个结果。经典条件反射加上后来的操作性条件反射，即行为的自愿性训练，一起构成了奖励和惩罚（胡萝卜加大棒）模型。

当动物（或人）做了你想让它们做的事情后，你就奖励它们；当它们做了你不希望它们做的事情时，你就惩罚它们。当对象为动物时，操作性条件反射的一种变体是只使用奖励而不使用惩罚。这种做法通常用来对待那些过于强大的和行

---

① 饥饿艺术家像艺术家追求艺术那样将饥饿作为毕生的追求。——译者注

为难以预测，因此不好给予惩罚的野生动物。

历史上，该模型构成了管理学方法的基础，通过一系列奖惩措施让员工遵守规则。虽然现在这仍然是塑造孩子性格的有效方法，但是对成年人已经失去了效力。有些人会对自己进行某种形式的奖励和惩罚，但往往是无效的。事实上，对自己充满同情心和宽容比试图惩罚自己要有效得多。

创造性动机

早在 2002 年，美国著名创意经济学家理查德·佛罗里达（Richard Florida）就在其著作《创意阶层的崛起》(*The Rise of the Creative Class*) 中估测，我们 30% 的经济是由他所谓的创意阶层创造的。创意阶层的工作方式与人们过去的工作方式不同。过去人们是在制造业、农业和其他行业工作，在佛罗里达州这些人被称为"工人"阶层，此后还出现了为他人提供服务的"服务"阶层。从动机驱动上来看，工人阶层和服务阶层的工作似乎是相似的，他们的工作都是基于算法的，换句话说是通过执行一系列步骤得到一个相对可预测的结果。而创意类的工作则不同，它是启发式的。要创作一本好书、一幅画或一段音乐并不是只有一种方法，它需要与以往不同的驱动方式。

美国趋势专家丹尼尔·平克（Daniel Pink）在《驱动力》(*Drive*) 一书中对这两种不同的动机进行了描述。在借鉴他人工作成果的基础上，他解释了动机对启发式工作者具有怎样不同的含义。这些差异主要体现在自主性、掌控性和目的性这三个关键方面。

自主性

事实证明，当有很多方法可以到达最终目标时，找到适合自己的方法是关键。自主性就是不需要按照别人具体详细的指示工作，你仅仅得到一个方向性的指导。当然，如果你需要或想要得到支持，你也会得到相应的支持。但总的来说，你只要能够交付结果就可以，没必要按部就班地去完成工作。

在20世纪80年代，世界上最严格、最结构化、最专制的组织之一——美国陆军，领悟到了"没有任何作战计划在与敌人遭遇后还有效"这句话的智慧。他们将单一的"具体指令"改为"指挥官意图＋具体指令"，指挥官意图是指该计划所期望达成的目标和最终结果。

自主性或者至少一定程度上的自主，已经渗透到了非常多的领域。因为要适应不断变化的环境，需要调动个体的积极性。

掌控性

我们的自我意识的确很神奇。据《自我及其防御》(The Ego and Its Defenses)一书介绍，自我意识有22种主要防御方式和26种次要防御方式。我们的自我希望我们擅长自己所做的事情。尽管在我们的"军火库"中有许多防御方式，但我们的自我更希望用不上它们。我们的自我会让我们以为自己比别人强。这就是为什么只有2%的高中生认为他们的领导能力低于平均水平，25%的人认为他们与他人相处的能力处于前1%。

我们希望能够掌控自己所做的事情，拥有想要成为最优秀的人的愿望，虽然可能并不愿意投入一万个小时去练习。说一万小时可能并不确切，但想要达到这个目标，必须拥有奉献精神和进行大量有目的的练习。

尽管事事都能做到掌控非常不易，但我们都希望获得成功，所做的事情都是自己擅长的。虽然自我的各种防御方式可以帮助人们获得这种感受，但却无法保证我们永远拥有这种感觉。因此，创造一种"我们是大师"的感觉，至少是在通往成为大师的路上的感觉，是激励人们（包括我们自己）的关键因素。

第 14 章　目的和意义能让你感到无论成败，奋斗都是值得的

目的性

在很大程度上，人们为生存而斗争的时代已经成为历史。美国临床心理学家维克多·弗兰克尔（Viktor Frankl）在纳粹集中营经历的是另一种形式的生存斗争。他在《活出生命的意义》（*Man's Search for Meaning*）一书中回顾了自己的那段悲惨经历。根据他的观察，能够在集中营里活下来的人都是拥有目标的人，即使是平凡的目标，而那些没有目标的人则没能活下来。半个世纪后，美国才华横溢的外科医生兼作家阿图·葛文德（Atul Gawande）在《最好的告别》（*Being Mortal*）一书中，写下了他为年迈的父母探寻如何有尊严地活到生命终点的历程。葛文德发现，如果交代给人们一些小事去完成，他们会活得更久，看起来也更加活跃和警觉。

目标是构成我们动机的强有力的组成部分，虽然我们的目标可能很普通，甚至看起来微不足道，比如减轻其他囚犯的痛苦或者照料一株植物等，但这些渴望足以决定一个人是活下去还是死亡。当我们谈论通过寻找目标来建设动机时，我们所说的目标不一定是指消除世上的饥饿或治愈癌症这样宏大的目标，普通的目标和宏大的目标同样有效。你的目标可以是照顾或供养你的家庭，也可以是帮助你的社区成员，只要能让你的生活变得有意义就足够了。

找到人生意义，无论伟大或卑微

自古以来，哲学家们一直在寻找生命的普遍意义。开玩笑地说，所有人能够想到的最好答案就是"42"。"42"出自 1979 年出版的《银河系搭车客指南》（*The Hitchhiker's Guide to the Galaxy*）一书，英国科幻小说家道格拉斯·亚当斯

（Douglas Adams）在书中虚构了一个关于生命、宇宙以及一切的终极答案——42。在亚当斯的经典著作中，没有一个答案是针对具体问题的。重点是当一个问题问得不好时，你得到的答案可能也是没用的。这也是对意义进行定义的挑战之一。那么，我们该怎么考虑我们的意义或目标呢？幸运的是，在我们的语境中，我们可以将我们的讨论框定在个人意义层面上。当我们找到对我们有用的意义时，我们不必担心它是否和我们周围的人的意义相同。

寻找意义是一件非常个人化和多变的事情。罗伯特曾经认为，他的人生意义在于养家，但有段时间他觉得自己做不到。后来，他的人生意义变成了让复杂的话题变得更加容易被人理解。然而，当他和特里相遇并结婚后，他的人生意义又变成了致力于预防与医疗相关的感染（healthcare-associated infections，HAIs）。本书中，至少他创作的那部分是关于 HAI 及相关教育的。研究表明，倦怠与较高的 HAI 感染率相关。

一路走来，我们还做了许多相关的事情，比如儿童安全游戏卡牌的设计与开发，以及帮助青少年如何更好地应对这个世界等项目。虽然我们做的事情没一件与我们当时所持的人生意义完全相符。但非常理想的是，我们所做的所有事情的方向都是正确的。

指南针和地图

当你试图寻找人生意义的时候，你就是在努力寻找自己前行的道路。就日常空间来说，我们可以采用卫星定位（GPS）、指南针以及地图来进行导航。在 GPS 技术盛行的今天，很少有人还在使用老式地图和指南针了。即使它们可靠而且不需要电池，很少有人能认识到它们的价值。虽然纸质地图和指南针无法直接告诉你你在哪里，但地图加指南针，再结合一些其他工作，就可以告诉你你在哪里，并帮助你到达你想去的地方。

第14章 目的和意义能让你感到无论成败，奋斗都是值得的

虽然单靠指南针不能告诉你你在哪里，但是可以告诉你你要去哪里，使用它的意义就是那根永恒的指针可以为你提供足够的信息，帮你看清楚方向，指明前往目的地的道路。虽然地图不是领土，但它代表了领土。与带地图的 GPS 接收器不同，虽然它无法告诉你你在哪里，但它可以提供一些信息帮助你确定自己所处的位置。你可以将地图上的高山或大湖与你所看到的信息进行比较，以确定自己的位置。在此过程中，制图学知识可以帮助你进行比照和定位。

> 使用指南针的意义就是那根永恒的指针可以为你提供足够的信息，帮你看清楚方向，指明前往目的地的道路。

当我们试图寻找和定义我们的意义时，我们必须先确定我们世界的拓扑结构，以确定什么是正确的方向、什么是错误的方向。我们还必须确定我们使用什么作为参考点，是用邻居还是导师来衡量自己？

使用地图的挑战在于，你需要花费比较长的时间才能确定自己所处的位置。当你朝着一个方向前进时，你需要能够核验自己前进的方向是否正确。比较常见的情况是，你自认为在一个地方，而实际上是在另一个完全不同的地方。这方面最著名的例子可能是哥伦布发现"新大陆"，但每天都发生这种情况的概率是很小的。

当我们在自己人生意义的地图上航行时，必须朝着正确的方向前进，这样能让我们看到离我们认为的重要的事物越来越近，离那些不重要的事物越来越远。

逆风而行

有时候你的目标可能正好与你的现实生活相左。比如，也许你认为应该帮助人，但这个世界告诉你要利用人；也许你真正的目标是帮助人们学习，但你发现自己都没机会接触到足够多的人。当你处在逆境的时候，其实可以学习借鉴航海

的经验。

大多数人都知道如何在有风的时候驾驶船只，你扬起风帆，被风推着往前走。然而，除了水手，可能很少有人会思考当风迎面吹来的时候，如何能够继续朝着风吹来的方向移动，即逆风行驶。要想实现这点，需要对帆和舵进行一系列操作，你的行驶方向可能会略微偏离风的方向。通常你需要朝着风的方向倾斜，与此同时，帆和船仍然能够利用风来推动你前进。在航行中，你先向左再向右（从技术上说是左舷再右舷），以避免在任何一个方向上偏离航线太远。虽说这不像背着风航行那么容易，但即使逆风而行，也绝对是有前进的可能性的。

> 对于我们大多数人来说，生活就像逆风而行。

对于我们大多数人来说，生活就像逆风而行。我们无法直接到达我们的目标。我们必须在目标的右侧和左侧轮番出击。当我们出发的时候，甚至可能都不知道会在哪里结束。我们只能朝着我们心目中大概正确的方向出发。

大概正确

当你在寻找人生意义的时候，"大致正确"或"大致不错"可能是最好的结果。因为我们的世界在变化，我们的理解也在变化，所以我们的人生意义也在不停地变化。我们之所以对我们的人生意义进行定义，是为了设置一个参照点，可以让我们把握与目标之间的差距，以便我们有一个合理的预期。寻找意义可能不是件容易的事情，但至少你现在应该认识到无须做到完全精准，你就可以开始定义你的人生意义。即使是逆风而行，你也一样可以保持前进，离自己的目标越来越近。

第 14 章　目的和意义能让你感到无论成败，奋斗都是值得的

关于倦怠的小贴士

- 倦怠最常见的症状是缺乏动力。
- 动机通常被认为是以需求、奖励或惩罚作为基础。但这些驱动因素对成年人来说几乎都不怎么奏效。
- 对成年人来说，自主性、掌控性和目的性才是有效的激励因素。我们希望为解决方案提供意见，能够高效地工作（或达到掌控水平），并在这个世界上活得有意义。
- 找到你的人生意义，无论它多么伟大或卑微，都能为你抵抗倦怠提供动机与复原力。
- 人生意义并不是一个目的地，而是一个方向，能够帮助你出发去追寻自己的理想。
- 你的人生意义可能会随着时间而变化，但它的目标是创造一种既不过于强烈也不令人沮丧的适度的欲望。

倦怠自救

- 想一想最能激励你的三至五件事。它们是事物、感觉、奖励还是成就？
- 我们的目标或人生意义可以成为指导我们生活的关键驱动力。你如何定义你的人生意义或目标？思考并确定至少一个目标，组成你当前（是可变化的）的人生意义。
- 在接下来的几天或几周内，请继续思考你的人生意义。当你在生活中处于逆境时，去感受它是如何帮助你朝着目标前进的。

第 15 章

不做那个一遇到挫折就很想逃的小孩

Extinguish Burnout

A Practical Guide
to Prevention
and Recovery

第15章 不做那个——遇到挫折就很想逃的小孩

有时候，我们遇到的阻碍不是来自外部而是来自我们内部。有时候我们感觉自己做不到某件事，并不是因为外部条件或环境的限制，而是因为我们在内心深处被困住了。内在阻碍通常比外部阻碍更难处理，因为它们更难被看到。

在本章中，我们将探讨导致倦怠的内在阻碍、识别它们的方法，以及怎么做才能克服它们。

人大都为两种阻碍所累："永远不"的想法和耳边的声音

阻碍通常被定义为"使人或事物分离或者阻挡交流或进步的环境或障碍"。内在阻碍是那些阻止我们实现目标的信念以及我们自己强加给自己的限制。这些阻碍可以挟持我们。来自内在阻碍的最大挑战是它们已经融入了我们的信念，以至于我们甚至无法意识到它们的存在，因此我们可能也就从来没有想过要去超越它们。

> 内在阻碍是那些阻止我们实现目标的信念以及我们自己强加给自己的限制。

我们很多人都受两种阻碍所累："永远不"和耳边的声音。

"永远不"的想法

在罗伯特和特里一起去美国缅因州看灯塔放松的时候，特里说她从记事起就一直想去缅因州，但她一直不相信自己能去成。而罗伯特却说他从不怀疑自己能去缅因州。他们谈得越多就越意识到，认为某些事情永远不会发生，会限制人们的信念，进而阻止人们做出尝试。

即使他们已经开始旅行了，特里"永远不"的想法也没有完全消失。即使在她已经真的到达缅因州的时候，她还仍然有种自己永远也来不了的感觉。"永远不"的力量如此强大，以至于它压倒了现实。罗伯特无意中听到特里想去看鲸鱼，也听她讲述了所有无法看鲸鱼的理由，之后罗伯特把车驶向了停靠观鲸船的巴尔港。直到他们到了那里并拿到了票，她的"永远不"想法才终于平息。她有许多"永远不"的想法，这些想法最开始大都来自他人，随着时间的推移被她自己的想象力所丰富。

罗伯特和特里都不曾有"做好了旅行计划却没有成行"的经历，他们也不赞同做事情半途而废。特里也确信，只要他们制订了计划就会贯彻执行。"永远不"其实只是她脑子里的一种想法。问题是"永远不"离她的有意识思维太远了，她无法看到或识别它。在他们的旅行结束后，特里的一位朋友说她真的很喜欢那些照片，因为她可能"永远不会"有机会去。又是一个"永远不"，这触动了特里。的确有非常多的人认为某些事情永远不会发生。特里的钱包里至今还放着看鲸鱼表演的门票，时刻提醒她看似不可能的事情其实是可能的。

也许你也有一些甚至连自己都没意识到的"永远不"的想法吧。

耳边的声音

大多数情况下，我们的内在阻碍来自过去有人告诉我们哪里存在阻碍。他们塑造了我们对生活的期望，告诉我们在生活中什么是应该的、什么是可以的、什么是不可以的，并且我们内化了这些信念。当我们在脑海里听到它们的时候，会认为是我们自己的声音,不是别人的,这些声音狡猾地变成了我们的声音。我们认为我们告诉自己的是事实,即使并非如此。我们可能会听到"你必须这样做才能成为一个好父母、好配偶、好员工""你不能这样,你还不够格",这些限制性的想法是我们认识的人送给我们的讨厌的礼物,并且如果它们进入了我们的潜意识层面,可能会成为我们不可逾越的阻碍。

和"永远不"一样,耳边的这些声音是持久存在并且很难摆脱的。面对看上去真实的虚假事物,唯一的应对方法是用事实进行驳斥。我们必须找到能够证明这些声音确实虚假的证据。假如有人说你不可爱,你最好的反击不是去说别人有多么爱你,而是要展示别人做了哪些事情来表达他们对你的爱。在面对证据的时候,这些声音就不得不改变它们的说法。再比如,当你听到"你将一事无成"这句话时,你可以用你的成功来反击它。无论是赢得拼字比赛,还是获得"两人三足"赛跑的第一,抑或是在其他你认为重要的事情中获胜,你可以用无法质疑的事实去驳斥你听到的声音。这些声音最怕的就是事实。在此过程中,你要坚定自己的立场。如果有人说你永远不会有任何成就,那么你做成的每一件事都是对其最好的反击。

恐惧、身份不确定、苛责自己和不知足

正如我们前面所提到的,识别内在阻碍是一件非常困难的事。然而,这也并非无法做到。让我们来看一下常见的阻碍有哪些,以及我们可以用什么方法找到并消除它们。

恐惧

我们每个人都会产生恐惧。事实上，恐惧可以长期占据我们的生活，以至于我们有时会忘记没有恐惧的生活是什么样子。恐惧会阻碍我们拥有做事情和创造理想生活的能力。从失败到成功的每一步，我们都可能会遇到很多让我们恐惧的事情。

识别我们自身恐惧的最好方法是倾听我们的身体，去体会我们接近某件事时的那一丝丝不适感。不要去压抑这种感受，而是要停下来去思考产生这种感受的原因。通过这样做，我们可以探寻发生了什么以及深层的原因。

身份不确定

正如我们在第 12 章讨论的那样，我们的身份常常是分离的、不连贯的。我们每个人都是独一无二的、重要的和了不起的，但我们在匆忙的日常工作中常常会忽略这一点。培养完整的、现实的自我意识需要时间和精力，但这是我们能够送给自己最大的礼物之一。

不接受或不承认我们的真实本性，可能是我们在生活中获得幸福和成功的主要障碍。不清楚我们是谁，包括不清楚我们将要做什么和不做什么，会阻碍我们实现目标。如果你不确定自己是谁，而且你认为这会阻碍你取得成功，请尝试练习我们在第 12 章中建议的那些技巧。

苛责自己

有时我们可能感觉要对整个世界负责。除了我们自己和自己的事，我们感觉还要对很多人，比如亲朋好友及他们的生活、生意、事业负责；当我们的孩子没有按照我们教导的或认为适当的方式行事时，我们感到有责任；当我们的配偶对朋友说了一些让我们难堪的话时，我们感到有责任；当好友的项目失控时，我们也感到有责任。我们感觉应该对周围的许多人和事情负责，而真相是我们无法对我们不能控制的事情负责。我们每个人的控制能力都有限，即使是对于我们自己的行为、反应和行动来说。

> 我们可以通过询问自己是可以控制结果还是只能影响结果，来确定我们的想法是否理性。

想要为他人负责时，实际上是给自己提出了非常不切实际的要求。我们可以通过去除这种不必要和有害于健康的要求来避免倦怠。具体可以通过询问自己是可以控制结果还是只能影响结果来确定我们的想法是否理性。除非我们拥有控制权，否则我们不应该让自己负责。

不知足

当你努力在一千条不同的战线上为实现一千个不同的目标奋斗的时候，势必会把自己搞得精力分散。你不应该妄想征服全世界。如果你想要将注意力专注于少数几个目标，你就需要接纳自己的局限性并拥有一定的知足感。

我们所有人几乎都希望拥有更健康的身体、更大的房子、更好的汽车、更多的异国度假机会、更好的事业，等等。虽然我们可能达成其中的一些，但我们不可能同时做到所有。为了能够将我们的精力集中到某个具体目标上，我们必须接纳和满足于一些事物的现状，直到我们做好了处理它们的准备。对于有些人来说，这可能意味着在专注培养孩子的同时，还要继续从事一份并不完美的工作；对另外一些人来说，这可能意味着晚上得在办公室加班，而不是去健身房锻炼。

当我们对生活的某些方面感到知足而不是期望拥有一切时，我们就可以专注于少数几件事情并取得成功。

克服内在阻碍，提升自我效能感

当我们意识到我们头脑中存在的阻碍时，我们可以将它们与我们周围的现实进行比较。特里有时候会感觉自己很无能，认为自己无法成为一个好妻子和好母亲，也不能帮助人们预防与医疗相关的感染。因为恐惧让她不相信自己可以在这些方面同时取得成功，所以她还会考虑什么是她最重要的事情，然后放弃其他的。但是如果让她花时间去认真思考事实，她是能够从孩子身上意识到自己其实是个好妈妈的。她的丈夫也经常说她是一位好妻子，虽然在这件事上，丈夫最有发言权，但有时还是很难说服她相信这是真的。此外，她还可以回想一下自己完成的工作并接着干下去。事实会证明，她脑子里的一些想法是错误的。当我们认识到自己所持的信念实际上是谎言的时候，我们就可以去除掉和冲破这些阻碍。

> 当我们认识到自己所持的信念实际上是谎言的时候，我们就可以去除掉和冲破这些阻碍。

要想识别头脑中的阻碍，需要勤奋加练习，还需要观察现实并与之进行比较。你必须学会倾听阻碍，将其表达的信息与你经历和看到的事实进行比较。当你开始审视事实的时候，你头脑中的阻碍就会消失，你会发现自己能够取得比预期更多的成就。

一旦我们明确了自己的身份、知道自己是谁之后，我们就会知道我们应该相信什么和抛弃什么。尽管这个过程并不容易，但它确实可以将我们引向更加平和的生活，让我们对未来拥有现实的期待。

我们知道，我们不可能实现自己想要实现的一切，但是去除那些认为自己肯定无法做某事的内在阻碍会让我们有机会实现我们的愿望。

第 15 章　不做那个——遇到挫折就很想逃的小孩

第一位登上珠穆朗玛峰的埃德蒙·希拉里（Edmond Hillary）爵士曾说过，我们要征服的不是山而是我们自己。当我们的目标符合我们的身份时，我们的目标的回报性是最高的。通过保持现实的期望，我们可以超越自己成为我们想要成为的人。我们必须首先克服内在阻碍，才能进一步提升自我效能感。

> **关于倦怠的小贴士**
>
> - 阻碍可能来自外部，也可能来自内部。两者都会阻挡我们实现目标。
> - 内在阻碍有许多不同的形式，它们可能是根深蒂固的潜意识信念，也可能是别人曾经告诉我们的常常响在耳旁的声音。
> - 我们头脑中的声音可能在说我们做得还不够。我们可以用真实的例子来反驳这些声音，消除它们造成的内在阻碍。
> - 常见的内在阻碍有恐惧、身份不确定、苛责自己和不知足。
> - 你无法对你不能控制的事情负责，包括项目、家人和生活的方方面面。认识到这点会改变你的生活。
> - 找出你头脑中的阻碍，并将它们与周围的现实进行比较，这是消除阻挡我们实现目标的内在阻碍的有效步骤。

倦怠自救

- 你认为哪些事情可能成为内在阻碍。列出你主要的生活领域（如家庭、工作、社交）中的阻碍。
- 将你发现的自身的每一项内在阻碍与你周围的现实进行比较，请思考现实会怎样改变你对自己的看法。现实在哪些方面证实或者否定了你的看法?

- 找出一些你需要为自己无法控制的事情负责的情况。如果你把自己从这种责任中解脱出来,你的看法会发生什么样的变化?

第 16 章

复原力可以让倦怠更难控制你

Extinguish Burnout

A Practical Guide
to Prevention
and Recovery

第 16 章　复原力可以让倦怠更难控制你

在美剧《星际迷航：下一代》(Star Trek: The Next Generation)中，反派之一的博格人有句口头禅是"抵抗是徒劳的"。问题是，抵抗并不是徒劳的。抵抗力是人类生存的重要条件，并且它是可以培养的。

比抵抗力更强大的是复原力。复原力主要围绕和根植于"你是谁""你相信什么"以及"你会怎么做"。复原力虽然无法防止倦怠悄悄地降临，但可以让倦怠更难控制你。

我们从本章开始直至本书结束都会对复原力进行探讨。往后的每章都会为你提供一些工具，来帮助你防止倦怠或消除倦怠。当你学会使用所有工具后，你就可以非常轻松地战胜倦怠了。

让努力装满你的能动性浴缸

我们每个人身上肯定都出现过倦怠的迹象。抵抗并不是说否认这些迹象的存在；相反，抵抗是指正视倦怠的存在，并对它展开积极的行动。我们可以通过有意识地积极提升我们的个体能动性来抵抗倦怠。

增加个体能动性

有时候，我们无法直接改变自己的自我效能感，这就需要我们退回到之前的个体能动性模型，通过强化感知结果、获得支持或自我关怀的方式，填充我们的个体能动性浴缸，最终增加我们的个体能动性。

用积极的视角看待结果

我们虽然无法完全决定结果，但是可以决定自己看待结果的眼光。我们可以以更加积极的视角来看待结果，比如想想自己曾经帮助过的人，想想自己曾经获得过的奖励。美国神经心理学家里克·汉森（Rick Hansen）博士在《重塑正能量》（Hardwiring Happiness）一书中提供了许多技巧，可以帮助我们更多地关注事物的积极方面，而不是消极方面。

请求支持

许多消除了倦怠的人报告说，他们得到的支持远比意识到的要多得多。假如他们再次发生倦怠，他们会比以前更加愿意去寻求帮助和支持，而不是自己独自一个人去面对。虽说支持不会凭空产生，但令人惊奇的是，只要你张口，人们通常都会愿意帮助你。

给予自己强烈的自我关怀

正如在前面提到的，提升个体能动性最有效的方法是花更多的时间进行自我关怀。你要明白，自我关怀是我们能够为他人做得最有善意的事情，因为只有这样，我们才能拥有个体能动性，才不会倦怠，才可能更好地为他人服务。因此，我们要重视和优先考虑自我关怀。事实上，那些拥有复原力的人的核心特征就是他们能够真正做到优先关怀自己。

找到培养幸福感的复原力

抵抗是一种主动的行为过程，我们首先要觉察到有倦怠出现，然后再进行抵抗。而复原则是一种被动经受住生活风暴的状态。抵抗力来自警惕和觉察到倦怠的发生，而复原力来自对自己以及周围现实环境的了解与接受。里克·汉森在《复原力》（*Resilient*）一书中有这样的表述："真正的复原力能够培养我们的幸福感，这种幸福感是一种潜在的快乐、爱与和平的感觉。"

通过了解倦怠的工作原理以及消除倦怠的方法，你可以产生很强的复原力。因为当你获得这方面的知识后，你可以判断出什么时候做错了、什么时候走偏了。在前面的章节中，你也学到了目标、目的和人生意义等概念。你越清楚这些概念，你就越不容易陷入倦怠的深渊。

接下来，我们将讨论拥有稳定的核心是一种什么样的感觉，以及它是如何帮你保持平稳的。然后，我们将讨论拥有多个锚点的必要性，以及当你感觉自己的世界分崩离析时，这些锚点会如何帮助你继续保持稳定。我们还会讨论其他复原力技巧，如培养希望、理解失败和培养超然的态度等。

以稳定的核心为中心

拥有稳定的核心是指你清楚地知道自己是谁、自己相信什么以及自己的边界在哪里。之前我们已经对这些主题进行过讨论，现在我们会把它们组合在一起，向你展示它们是如何共同创建出一个稳定的核心的。当你拥有稳定的核心之后，你就不容易被其他人控制了。

> 拥有稳定的核心是指你清楚地知道自己是谁、自己相信什么以及自己的边界在哪里。

知道自己是谁是从明确边界开始的。边界是"我"与"非我"之间的分界线，它可以帮助我们阻止他人将自己的信念和价值观强加于我们。通过设定边界这一机制，我们可以决定哪些事情可以做、哪些事情不能做。

信念或价值观可以指导你创造和修正边界。人们的信念体系各不相同，例如，素食者认为吃肉是错误的，而纯素食者则认为吃任何来自动物的东西都是错误的。价值观也具有个体性，并不适用于所有人。你独特的价值观，尤其是它们与其他价值观的关系，让你显得与众不同。

你的整套信念与边界引发了你的行为，让你成为你自己。找到你稳定的核心，对于弄清楚你的价值观和边界并将其清楚地地表达出来是非常必要的。

个性测试

进行个性测试是发现你的信念和边界的一种方法。虽然不是所有的个性测试都可以帮助你确定你的价值观是什么，但是有些个性测试，如行动中的价值观（the Values in Action，VIA）测试，可以帮助你澄清什么对你是重要的、什么是不重要的。其他个性测试，如九型人格（the Enneagram）测试和迈尔斯－布里格斯类型指标测试在网络上也有免费版。个性测试可以帮助我们发现之前我们没有意识到的对自己很重要的事情。

动态锚点

我们建议你在设定目标时要设定一套而不是一个。这样做的理由是，当你在生活的某个领域或目标上遇到困难时，你可以先专注于另一个领域，直到你在前一个领域的障碍被扫清。这种方法能让你更好地适应这个世界，更好地面对时机不成熟的时刻。人们往往很难意识到，虽然逆风行驶不是不可能，但等到风向改变后行驶肯定会更加容易和更省力气。同样，我们也建议你不要只为自己设定一个锚点。

有些人只用一个角色来定义自己，如 CEO、摇滚明星或全职妈妈。不管这个角色是什么，其实都只是他们身份的一部分。在确定一个整合的自我形象时，你对自己多方面的形象进行了定义，其中每个形象都会有一个参考点，代表着你认为这个形象的理想状态应该是什么样。每个参考点就是你整合的自我形象在某个方面的独立锚点。

拥有一个整合的自我形象是建立复原力的关键，因为这样你就能够拥有多个锚点。正如一棵树需要有许多根来帮助它保持稳定和得到滋养一样，你也可以拥有许多锚点来帮你保持稳定，并将生活带给你的压力分散到这些锚点上去。

> 拥有一个整合的自我形象是建立复原力的关键，因为这样你就能够拥有多个锚点。

当你有多种方式来锚定你的自我形象和中心的时候，你就可以比锚定在单一自我形象上的人做出更多的决定。例如，你的自我形象有七个方面，相应地就会有七个不同的锚点。在这种情况下，重新对一个锚点进行评估和调整就变得很简单。思考一下，你用来判断自己是不是个好父亲的标准合理吗？如果你拥有多个"锚点"，你就可以分别对它们进行评估和调整，这样你就可以动态地调整你锚定自我形象、身份以及中心的方式。

我们的时代在变，人在变，生活也在变。只拥有一个锚点且只有单一自我形象的人可能只使用一个锚点去应对生活，他们承受风险的能力相对较差，因为他们的认知可能会有意识或无意识地固着在自己之前锚定的观念上。面对纷繁变化的世界，无论是认知还是行为上的固着，都不是好的做法。

正念

要想建立复原力，就绕不开正念。正念既没有那么神秘，也不是你无法触及的。正念其实就是意识，意识到你自己，意识到你的环境。它需要你集中自己的注意力，你不用担心和考虑任何威胁，你只需要试着活在当下，处理好你正在经历的事情。

有一些冥想的做法可以帮助达到正念状态，你需要做的仅仅是保持安静，将你的注意力从你的身体和你的感受转移到环境中，然后再转移回来就可以了。通过练习对你自己以及你的世界进行有意识的思考，会让你拥有更好的无意识自我和对环境的无意识反应。这与骑自行车或开车的原理相同。刚开始你需要集中全部注意力，但随着时间的推移，当你练习得越来越多后，骑自行车或开车就会变得越来越容易，到最后你都不需要再进行有意识的思考了。

给自己创设一个可以静坐和进行观察的地方，这样做可以帮助你进行自我觉察，这种自我觉察会让你在面对各种威胁或刺激时表现得更加冷静。

心态

我们一直都在讨论如何改变你的心态。这不仅仅是指要了解你自己和周围的环境，还指要从不同视角去看待它们。卡罗尔·德韦克不仅研究了心态对人的影响，而且研究了如何对他人的心态产生影响。

> 如果你认为通过努力工作就可以改变你所处的环境，那么即使情况非常艰难，你也会有充分的理由坚持下去。

德韦克认为，人们有两种心态：一种是固定的心态，即认为事物是固定的、无法改变的；另一种是成长性心态，即从根本上认为我们能够成长和发生改变。第一种信念会让你感到无助和倦怠，而第二种信念会让你充满希望和复原力。因为如果你感觉你无法改变自己和环境，就会产生习得性无助和倦怠；而如果你认为通过努力工作就可以改变你所处的环境，那么即使情况非常艰难，你也会有充分的理由坚持下去。即使你无法知道需要多长时间才能克服当前的障碍，但你仍然有信心克服它们。

想要培养我们自己和他人的成长性心态，做法非常简单，就是把关注点放在做事上。在对个人进行评价的时候，不是去谴责或赞扬这个人的内在品质，而是去评价其工作状况和结果。例如，当我们评价他人的时候，要有意识地用他们的工作业绩来评价其工作状况；当我们审视自己的时候，不把成功归功于基因，而是归因于坚毅力。

坚毅力

美国知名心理学家安杰拉·达克沃思（Angela Duckworth）认为，坚毅力是热情与坚持的结合，或者是一种执着追求目标的自律。我们一直都在帮你寻找热情，所以在这里我们要重点讨论一下坚持。坚毅力是指即使遇到困难也要坚持下去。这种坚持部分来自我们对所热爱的目标的渴望，部分则来自我们过去的成功经验。

当我们发现自己在某件事上因为坚持不懈获得了想要的结果时，我们就会对自己的坚持不懈给予肯定。通过不断重复的自我肯定，我们就可以拥有更多的坚毅力。很多时候，我们需要反思一下自己是否放弃得过早、是否再坚持一下就可以成功？

有时候，当我们靠坚毅力闯过一些难关后，这相当于为我们的坚毅力镀了"金"。当我们再去坚持完成一件事情的时候，将不再会感到痛苦、受伤和恐惧。如果我们想继续培养我们的坚毅力与坚持，我们就必须先看到我们曾经付出的坚持和承受的困难。

培养坚毅力是一种心理游戏，需要我们不断地提醒自己要把眼光放长远，不断地暗示自己终会成功。我们可以多创造一些积极的反馈，使我们能够体验到自己在不断地成长和进步。在这种情况下，我们还可能会发现自己会处于一种叫作心流的心理状态。

心流

积极心理学奠基人之一的米哈里·契克森米哈赖（Mihaly Csikszentmihalyi）在研究中发现，人们越是专注于一项任务，他们的个人体验就越积极。契克森米哈赖由此提出了"心流"这个概念。心流是一种自我强化的状态。在心流状态下，个体具备的技能与其所遇到的挑战达到了一种平衡状态，这种平衡状态会使个体忽略外部的世界，包括时间感。

有报告显示，心流体验可以大大提高工作效率（400%），这是一种非常积极的个人体验。学习进入并保持心流状态是击退倦怠的有力方法。但需要注意的是，尽管心流可以极大地提高你的工作效率，但它并不一定能影响你尝试改变和维持改变的节奏。

关于倦怠的小贴士

- 当我们感觉马上要倦怠的时候，我们可以通过提升个体能动性来抵制它。我们可以通过感知结果、获得支持和强烈的自我关怀来做到这点。
- 了解倦怠有助于培养复原力和预防倦怠。
- 确定你的价值和边界，并能清楚地将它们表达出来，是找到你的稳定核心的关键。
- 一个整合的自我形象包括认清你所拥有的多个方面和角色。
- 拥有多个锚点和目标可以帮助人们建立复原力，使人们即使在某个领域受

- 阻,也还可以在其他领域继续积极作为。
- 认为人是可以成长和改变的而不是永远不变的心态,可以帮助人们建立复原力。
- 认识到自己靠坚持不懈取得了成功可以增强你的复原力。

倦怠自救

- 能够清楚地表达你的信念和边界,对于找到你的核心是很重要的。请问你持有的10个核心信念或边界是什么?
- 当你了解了自己拥有的多个自我形象后,就会建立起多个锚点和复原力。你至少拥有的五种自我形象是什么?
- 回想你在困境中坚持下来的经历,你的决心或坚毅力是如何促成了你的成功?

第 17 章

吃不了改变的苦，
就得认平庸的命

Extinguish Burnout

A Practical Guide
to Prevention
and Recovery

第 17 章　吃不了改变的苦，就得认平庸的命

复原力是关于如何管理变化的。变化可以分为两类：一类是由个体内部驱动的变化，这是你希望看到的，也是你想要给这个世界带来的变化；另一类是你周围的世界正在发生的变化，你需要考虑的是如何去应对它们。当发生这两种变化的时候，无论是对自己还是对他人，我们都应该具备足够的耐心。

变化要适度是指，找到一个你自己和他人都能接受的变化速度。总的来说，变化的速度不能太慢，要让每个人都能看到进步；同时，变化的速度也不能太快，否则会导致压力过大，让人无法承受。这就首先要求我们，要对自己想要做出的改变抱有恰当的预期。

找到一个你自己和他人都能接受的变化速度

无论是对自己还是对别人，我们可能都说过类似的话："如果情况可以改变，我们就可以过得更好。"我们都希望能够按照自己的想法去改变周围的人和世界。每个人都想拥有掌控感，没有人想要被控制。问题在于其他人可能并不想改变，世界也不想改变，但我们却认为我们有能力以某种方式来改变它们。

我们想要的改变是大是小并不重要，重要的是如何做出改变。事物的趋势是保持原样，直到有某种力量以某种方式迫使或鼓励它们发生改变。我们努力想要推动变革，但是我们应该怎么做呢？

赫希曼假设

阿尔贝特·赫希曼（Albert Hirschman）是一位经济学家，他的著作《退出、呼吁与忠诚》（*Exit, Voice, and Loyalty*）为人们如何在一个与自己观点不一致的世界中生存提供了参考框架。这个世界注定不可能完全满足我们的期望，性格的重要作用就是处理这种不匹配的情况。领导力专家玛吉·沃勒尔（Margie Warrell）在其所著的《寻找你的勇气》（*Find Your Courage*）一书中写道："最终，勇气与英雄行为无关，而与你每时每刻、日复一日所做的选择有关。"斯坦福大学教授科里·帕特森（Kerry Patterson）所著的《关键对话》（*Crucial Conversations*）一书介绍了在面对反对意见时可以采取的三种不同方法：一是回避；二是直面但处理不好；三是直面并处理好。

当你需要改变的时候，赫希曼为你如何改变自己的状况提供了以下参考框架。

选择改变

赫希曼主要看到了两种面对改变的选择。

第一种选择是退出。这是指人们离开一段关系，然后去寻找另一条更合适自己的路。这是一条看起来相对容易的路。组织有可能但通常不会发现它们的人数正在减少，因此也不会想到通过内部激励来改变现状。

第二种选择是让人们发声。这是指为人们提供评论、批评和反馈的机会，以更直接的方式来改变现状。这条路比较难，因为愿意接受坦诚的反馈需要勇气，即使结果可能是另一方选择主动退出。

但遗憾的是，有勇气寻求改变的人太少了。大多数时候，改变公司、社会团体、教会或友谊的风险太大了，以至于人们不敢尝试。无论我们是选择退出，还是选择发出自己的声音，风险都很大，大到让我们无法承受。这就是为什么我们经常看到赫希曼的另外两个选项被采纳，因为另外两个选项选择维持现状。

选择维持现状

赫希曼不仅给出了鼓励你做出改变的选项，还给出了另外两个选项。

第一个是忽视，即忽略或否认你想要做出改变的愿望，但这会给你自己带来巨大的内心冲突，因为你在有意识或无意识地生活在谎言中。

维持现状的第二个选项是继续坚持，这是当你不能立刻做出改变时可以使用的关键策略。当时机和条件还不成熟时，坚持就是一种最有效的方法，它可以让你等待时机，直到情况对你或者对改变有利。

> 维持现状的第二个选项是继续坚持，这是当你不能立刻做出改变时可以使用的关键策略。

但是需要注意的是，坚持可能会带来很高的倦怠风险。因为当你迫切希望看到变化，但是却一直没有发生任何改变的时候，你很容易感到自己是在止步不前，并且你也不知道自己究竟什么时候才能取得进步。

改变很难，但并非不可能

想要把世界变成你希望的样子是非常难的。沃顿商学院领导力与变革中心研究员格雷戈里·谢伊（Gregory Shea）在其所著的《如何改变员工的行为》（*Leading Successful Change*）一书中指出："几十年的研究都报告了相似的结果，即50%~75%的变革方案都以失败告终。"美国畅销书作家约瑟夫·格雷尼（Joseph Grenny）在其所著的《影响力大师》（*Influencer*）一书中指出了一个不容乐观的统计数据："我们对过去30年的变革文献进行了梳理，结果显示只有不到八分之一的工作场所的变革取得了成效。"美国作家阿兰·道伊奇曼（Alan

Deutschman）在其所著的《不变则亡》（Change or Die）一书中给出了一组更加可怕的统计数据："90%的人在心脏病发作后仍然没有改变他们的生活方式；三分之二的囚犯在三年内会再次被捕。"

类似这样的统计数据确实令人沮丧。有一点可以肯定的是，无论在个人层面还是在组织层面，都有许多变革没有取得成功。但也要注意的是，虽然变革很难成功，但还是有成功的。成功的变革花费的时间往往比我们预期的要长。创新及传播学教授埃弗里特·罗杰斯（Everett Rogers）用一生的时间对创新的采用率进行了研究。创新是一种成功的改变，有些改变来得很快，有些则需要用几十年的时间才能站稳脚跟。罗杰斯确定了一系列影响改变发生速度的因素，如相对优势、兼容性、复杂性、可试验性和可观察性，而且他发现当这些因素一致时，创新传播的速度会更快。

当我们试图创造改变时，我们需要找到一种方法，使我们的节奏既符合我们对效率的个人期望，又符合其他人的接受能力。

既要考虑对进步的需求，还应该体谅他人的感受

当我们试图做出改变时，面临的一大挑战是确定可以让我们感受到进步的最慢变化速度。当变化从外部向我们袭来时，可能会出现不同的问题。在这种情况下，我们应该努力将变化的速度放慢到我们可以接受的程度。当我们考虑改变带给我们的影响时，我们才能真正地理解为什么我们既要考虑我们对进步的需求，还应该体谅他人的感受。

当太多的改变强加在我们身上时，由于我们的注意力有限且不可能保持无限

长的时间，因此我们会感到倦怠。行业、组织、家庭和社交圈的变化所带来的冲击会让我们产生不稳定感。因为即将发生的变化对我们来说似乎是巨大而不确定的，这种变化的影响看起来往往比它的实际影响更大。

夕阳行业

那是好多年前的事了。当时有报道说："所有的软件开发工作都将转移到海外，美国的软件开发人员将会失业。即便没有转移到海外的开发工作，也不再需要开发人员去完成，因为到时候用户可以使用更加智能化的工具来帮助自己创建解决方案。"但实际情况是，20年后，这些预言仍然没有成为现实。诚然，现在的离岸开发项目比20年前要多，毫无疑问，开发工具也更好了，而且与20年前相比，用户自己可以做更多的事情，但是开发人员在美国仍有工作，这方面的需求仍然旺盛。

在过去25年左右的时间里，出版业一直在走下坡路。越来越便捷的自助出版和按需印刷技术使人们的作品更加容易出版，很多人也确实做到了，而每本书的平均销量却一直在稳步下降。虽然也有个别作品的销量远远超过了平均水平，但即使是最乐观的出版商也承认，出版业已经不像25年前那样兴旺了，让人们读书变得越来越难了。现在的人们一方面倾向于快速地浏览一两分钟内的网页或视频，一方面又抱怨和惋惜这个世界越来越缺乏深度，一切都被压缩成越来越小的声音片段。但是现在，出版业并没有消亡，仍然有公司在赚钱，他们仍然雇用着成千上万的人。纸质书也曾被认为已经没活路了，可是尽管电子书的销量超过了纸质书，但仍有很多纸质书在热销。

关键在于即使这些行业正处在快速变化和动荡的时期，它们也并没有消失。在美国，距离出版商走投无路或软件开发工作岗位消失，仍然还有几十年的时间。对未来几年的大部分预测仍然需要几十年才可能变为现实。

WIII-FM

我们每个人都会收听一个"电台",这个"电台"所有时间播放的所有内容都是围绕"我"进行的,这个电台就是 WIII-FM,全称是 What Is in It for Me(即"它会给我带来什么")。无论变化的大小和来源如何,所有人都想知道变化会给自己带来什么影响,都会分析变化是否会对自己构成威胁。

对于罗伯特来说,他选择的软件开发这个职业即将消失,这样的职业前景对他来说是可怕的;同时,他的第二职业——出版业的编辑和作家,也受到了挑战。他面临的问题是在这种情况下该怎样增加收入来养家。但在过去的 25 年里,他仍然在继续从事软件开发工作,并且还聘请了软件开发人员;撰写了 26 本书,编辑了 100 多本书。虽然这些行业发生了变化,但他仍然做得非常好。

视角

正如你所料,无论是对待变化的影响,还是对待变化的时间,接受变化的关键在于用恰当的视角来看待变化。毫无疑问,我们的交通总有一天会被自动驾驶汽车、类似优步的服务和电动汽车统治。然而这并不意味着加油站业主、汽车经销商或保险供应商就必须立即关注此事。你要知道,虽然变化正在到来,但这种变化的过程是缓慢和渐进的,可能需要十几年或二十多年的时间才能真正发生。

如果你感觉行业发展太快而无法实现个人目标,那可能是因为你预计变化发生得要比实际快。当我们即将受到变化影响时,我们很自然地会高估它对我们造成的威胁。如果你感觉是因为事情变化太快而缺乏个体能动性,那么你的感觉可能就是正确的;但在大多数情况下,这仅仅是你的感觉而已,实际情况可能并非如此。大多数行业的发展速度都比我们想象的要慢。即使是科学技术,其发展进程也是缓慢的,比如一些 50 年前就开始使用的技术现在仍然在使用。如果你不相信,可以看一下计算机 RS-232 标准接口:早在 1960 年,它就是串行通信的推荐标准，但即使是在今天一些新的网络设备上，也依然能够看到它的身影。

耐心等待你想要的东西，可以收获意想不到的机会

无论是等待期望中的变化，还是接受意料之外的变化，耐心都非常重要。这说起来容易，做起来难，但耐心是可以培养的。

棉花糖实验

在斯坦福大学附属日托中心的一个房间里，一个男人在用棉花糖对孩子们进行测试。这是一个延时满足测试。测试任务很简单，每个孩子都分到了一块棉花糖，研究人员告诉孩子们，他们可以选择马上吃掉，但如果能够等到研究人员回来，他们就可以得到两块棉花糖。这个测试的目的是看看哪些孩子能够等待得到两块棉花糖，哪些孩子无法忍受。这就是沃尔特·米歇尔（Walter Mischel）著名的棉花糖实验。

这个实验最有趣的地方不在于孩子们如何抵制诱惑，而是人们的后续研究。在测试已经过去很久之后，实验人员再次拜访了这些孩子。令人惊讶的是，那些在实验中能够等待并获得双倍奖励的孩子们，在实际生活中也得到了奖励。从几乎所有衡量标准来看，他们都比那些选择即时满足的孩子们生活得更好。

事实证明，延迟满足能力与更好的生活和成就相关。更重要的是，延迟满足是可以被教会的。你可以教孩子们把棉花糖当成假的，或者采用分散注意力的方法，这样做可以使他们更倾向

> 延迟满足能力与更好的生活和成就相关。更重要的是，延迟满足是可以被教会的。

于延迟满足，并在生活中取得更高的成就。

如果你正在享受美好生活，那就说明你生活中没有或只有很少的延时满足，但如果你愿意放弃今天的一些享受，那么你就有可能在明天获得双倍的回报。

复利和潮流

最终，耐心可以为你创造出当下生活所没有的机会。复利既可以使金融资产变多，也可以使金融赤字变大。你越能与你周围的变化保持平衡，你就越能避免复利带来的问题。

当涉及变化的时候，一直对抗变化的潮流是不明智的，更明智的做法是顺应变化的潮流，避免精疲力竭。

关于倦怠的小贴士

- 想要拥有复原力，你就需要有管理变化的能力。
- 变化要适度，既不能太慢，要让每个人都能看到进步；同时，改变又不能太快，不能压力大到让人承受不了。
- 当你试图让你的世界与你的价值观保持一致但又遇到阻力的时候，你有退出、寻求改变、忽略想要改变的愿望或者在维持现状的同时坚持下去这四种选择。
- 在需要做出改变的情况下仍然坚持，会增加你产生倦怠的风险。
- 改变甚至想要改变都可能是困难的。我们都想知道变化将会给我们个人带来怎样的影响。
- 为你想要的东西耐心等待，可以给你创造意想不到的机会。

第 17 章　吃不了改变的苦，就得认平庸的命

- 顺应变化的潮流而不是与之对抗，可以帮助你避免精疲力竭并建设你的复原力。

倦怠自救

- 哪些变化给你带来了挑战？

- 我们讨论了四种面对变化的选择：退出、努力改变现状、忽略对变化的渴望或者在现状中坚持下去。针对给你带来冲突的每个变化，请思考一下最有效的应对方法是什么？

- 面对世界的变化，你需要在哪些方面培养耐心？从短期和长期看，这样做的结果是什么？

第 18 章

心中有希望，
未来就可期

Extinguish Burnout

A Practical Guide
to Prevention
and Recovery

第18章　心中有希望，未来就可期

心中有希望是防止倦怠最有效的方法。在这个世界上，仿佛没有什么比希望更强大——从潘多拉魔盒的传说到安慰剂效应，希望仿佛拥有一种世上所有邪恶都无法征服的力量、一种可以减轻痛苦并治愈疾病的力量。心中有希望就是相信事情会在未来变得更好，无论这种改变是我们自己还是他人带来的。希望是一种既脆弱又持久的信念、一种认为事情会变得更好的信念。了解倦怠有助于防止陷入倦怠，了解希望有助于你充满更多希望地去生活。

把希望当作一种思维模式，而不是情绪

如果测试一下，相信大多数人都会把"希望"和"情绪"联系在一起来。人们很容易认为希望是一种情绪，但它实际上是一种思维模式，拥有这种思维模式会让人们认为事情很快会有好转。

一些研究人员认为，情绪是大脑预测能力的一部分，所以人们可能会认为希望本身就是一种情绪。然而，希望实际上是我们对预测进行改造的一种过程，它影响了我们如何做出预测，以及人们是相信会有好的结果还是坏的结果。

> 人们很容易认为希望是一种情绪，但它实际上是一种思维模式。

最坏的情况

在第 6 章中，我们讨论过一些人是如何用错误的方法玩最坏情况游戏的，其中最坏的情况莫过于人们失去了希望。其实，我们还可以玩另一种游戏，即最佳情况的游戏，它能给我们带来更多的希望，减少倦怠。

最好的情况

希望与最坏的情况相反。当我们拥有希望的时候，我们不认为一切都会变得糟糕，而是认为一切都会变得更好。例如，即使你把所有的空闲时间都花在看电视剧上，你也仍然认为你会遇到你的梦中情人；你认为只要买彩票，就肯定会中奖；你认为只要学会了所需的技能，就能得到一份你梦寐以求的工作。但实际上，如果不把握好度，最好情况的游戏可能会和最坏情况的游戏一样糟糕。

与最坏情况的游戏一样，我们需要问的问题是："这真的会发生吗？"很明显，如果你从来不去相应的场合，你就不可能遇到喜欢的人，而中彩票的前提是你首先要去买彩票。与最坏情况和最佳情况的游戏不同，希望植根于一种合理而持久的信念，这种信念认为好事将会发生。例如，你将找到一份你喜欢的工作，让你培养工作所需的技能；你将存下足够的钱，来买你梦寐以求的汽车或第一套房子。在这个过程中，你可能会遇到一些阻碍，但总体趋势是朝着正确的方向发展的。

希望是一种思维过程，它的工作原理是结合现实条件去自由地想象最佳状况。

意志力和方法力是希望的必要条件

希望的思维过程是我们观察希望一种方式，另一种方式是从希望的组成角度来进行观察。美国临床心理学教授C.R.斯奈德（C. R. Snyder）在《希望心理学》（The Psychology of Hope）一书中提出，希望由意志力和方法力两部分组成，这两个部分是希望存在的必要条件。意志力提供能量，而方法力则提供了引导和利用能量的方式。

> 意志力提供能量，而方法力则提供了引导和利用能量的方式。

意志力

意志力是一种既可消耗又可再生的能量。我们可以耗尽意志力，也可以重获意志力。虽然意志力通常是作为自我控制能力而被人们追求的，但它同样也是希望的能量来源。

消耗与补充

对于许多人来说，意志力似乎是个固定常数，有多少就是多少。但如果我们更仔细观察就会发现，即使在生活中，我们也是时而有意志力，时而没有意志力的。为什么我们会在周二放弃我们最喜欢的甜点，而在周四晚上吃掉整个馅饼？这是有原因的。

意志力是我们拥有的一种能力，我们在使用它的同时也在消耗它。我们如果在某方面消耗的意志力过多，那么在其他方面的意志力可能就不够用。例如，也许我们工作的时候在老板或顾客面前花了大量的意志力来压抑我们的真实想法，当我们回家打开冰箱后，可能就会忍不住暴饮暴食。增加意志力是有可能的，但需要进行有目的地练习，而不是仅仅经受漫长而艰苦的日子的考验就可以实现。

当我们的意志力消耗殆尽的时候，就没有什么能阻止我们暴饮暴食了。

另一方面，我们的意志力也会自然地得到恢复。如果我们好好休息，不使用我们的意志力，它就会回来。如果我们睡得好或者找到了一项愉快但不剧烈的活动，那么它恢复的速度就会更快。我们的意志力迸发自我们的灵魂，随后注入我们生活的蓄水池中，我们可以过度使用而耗尽蓄水池中的水，也可以减少消耗，以确保我们在需要的时候仍然有大量的水。

低意志力生活

低意志力生活是一种无须大量意志力来维持日常运作的生活。低意志力生活似乎是一种逃避，它看似一个不培养意志力的借口，然而事实并非如此。事实证明，低意志力生活可以让我们有更长的时间来充电，让我们有更多的储备来面对那些意想不到的挑战。

此外，低意志力生活也是相对的。低意志力是指消耗很少的意志力，因此，低意志力是相对于你的意志力总量而言的。低意志力生活的好处是你可以体验到成功抵制诱惑的感觉，当你到达极限的时候，你的意志力肯定偶尔会被耗尽。当这种情况发生时，我们大多数人都会批评自己缺乏意志力，即使我们知道不应该这样做。低意志力生活意味着当大的诱惑发生时，你总有足够的意志力储备来成功抵制诱惑。我们通常可以通过成功抵制诱惑来建立更大的自信，但偶尔也会因为意志力需求过高而遭遇失败。

HALT

研究表明，我们的意志力水平有时候会自然地下降，比如当我们饿了或累了的时候。有人在一个十二步计划中总结出了HALT这个概念。HALT由以下几个英文单词的首字母组成：

- H——hungry（饥饿的）；
- A——angry（生气的）；
- L——lonely（孤独）；
- T——tired（疲劳的）。

这些都是成瘾的警示信号，这时候人们就要非常小心了。当我们需要与他人进行重要谈话的时候，我们建议同样要留意这些时刻。因为在这些时刻，人们的意志力水平通常都会非常低。我们需要用符合自身实际的标准来衡量自己，否则我们将总是缺乏意志力。如果我们总是意志力不足，并试图在饥饿、愤怒、孤独或疲劳时去控制意志力，我们势必就会遇到挫折。

方法力

美剧《百战天龙》（*MacGyver*）第一季是20世纪80年代末至90年代初首播的，该剧主角的饰演者是理查德·迪恩·安德森（Richard Dean Anderson），他能用自己的聪明才智和瑞士军刀成功地解决看似不可能解决的难题。虽然有些情节是刻意设计的，解决办法也是不切实际的，但你还是会忍不住相信，只要百战天龙有刀，就没有什么事情是他做不到的。这种能力就是方法力——创造解决方案以实现目标的能力。

如果意志力是完成任务的能量，那么方法力就是将能量变现的能力。它就像瑞士军刀一样，是让一切运转起来的必要工具。当意志力起伏不定并且难以提高时，我们可以从生成方法力的角度来考虑问题。

技能的发展

你是否曾经学过一些东西，本来觉得自己再也不会用到它了，结果最终发现它派上了用场？你的数学老师可能说过你将来会一直用到代数，然而直到你需要用勾股定理使甲板成直角，或者需要计算如果加快速度，要多久才能到达祖母家的时候，你才切实地感到他的话没错。方法力就是我们拥有的技能的总和。我们所学的技能越多，我们拥有的方法力就越强。

有些人可能会说这些技能没有什么用。如果我们不知道该如何使用它们，它们就无法帮助我们实现目标，而只有它们能够帮助我们实现目标时，我们才能说它们是有用的。史蒂夫·乔布斯在大学时偶然参加了一门书法课，他后来将自己对书法的热爱融入了一种灵活的字体系统之中，进而推动了苹果麦金塔（Macintosh）型号电脑的发展。乔布斯在旁听这门课的时候不可能知道，未来他在帮助自己的电脑公司发展的时候会用到书法知识。技多不压身，我们学习技能的时候不是非要有特定的目的，有时候我们需要的只是一点创造力。

培养创造力

传统的观念认为，创造力是一种特殊的存在，只有少数人才拥有。然而汤姆·凯利（Tom Kelley）和大卫·凯利（David Kelley）在他们合著的《创新自信力》（*Creative Confidence*）一书中挑战了这一观念。他们认为，我们生来就具有创造力，但可能因为恐惧和为了避免遭到嘲笑而停止了创造力的发展，误认为只有像美国皮克斯（Pixar）这样有创意的电脑动画公司才能制作出有创意的电影。然而，皮克斯公司的首席执行官埃德·卡穆尔（Ed Catmull）却认为他们早期所有的电影都很糟糕。电影创作是一个具有创造性的过程，在这个过程中，只有依靠整个团队的相互支持、相互交流观点、保持对卓越的渴望，才能使大家的创造力通过电影表现出来。

培养创造力的方法并不神秘。你可以做一些简单的尝试，比如勇敢地做自己和发表你的意见、无惧他人的不喜欢和质疑，来重新发现你的创造力。当你能用创造力去冒更大风险的时候，你就可以进一步发展自己的创造力，并能够在需要的时候调用它。

在追求梦想的过程中，当你将广泛的技能基础和创造性的意愿与解决挑战的方法结合起来时，你就可以拥有更多的方法力。

希望能让你接受今天的痛苦，相信明天的不同

每个人在生活中都会遇到挫折，曾经可能看似接近的目标，现在已经遥不可及或者看起来不可能实现了。在这个时候，最需要的就是希望。希望能让我们接受今天的痛苦，相信明天一切可能会有所不同。希望还可以阻止思维螺旋式地下沉，反而使其曲线式地上升。在医学研究中，希望常常以安慰剂的形式存在，它与大多数药物一样有效，甚至比药物更加有效。在研究新药的时候，分离安慰剂或希望效应是最困难的一件事。

> 在医学研究中，希望常常以安慰剂的形式存在，它与大多数药物一样有效，甚至比药物更加有效。

安慰剂

由于我们一直把"安慰剂"和"希望"说得好像是一回事，所以下面我们有必要对二者进行一下辨析。安慰剂实际上对你没有什么用处，它通常只是少量的糖或者其他对研究对象而言比较中性的物质。在一项研究中，参加研究的人被分为两组，一组被给予了没有用的物质，另一组被给予了可能起到关键疗效的物质。

问题是，在这种情况下，这两组人的状况都会有所改善。当对照基准进行测量时，两组人的状况都变得更好。这说不通，除非两组人都感觉事情有机会好转，他们都充满了希望，希望自己正在接受的新疗法奏效。

减轻恐惧

希望的另一个作用是它可以击退恐惧。充满希望的人认为，失败不是必然的结果。虽然失败有可能发生，但成功同样也有可能发生。在 19 章中，我们将继续讨论如何管理对失败的恐惧。

关于倦怠的小贴士

- 希望是一种基于现实的思维模式，它相信事情会好转。
- 希望有两个组成部分：意志力（使某事发生的能量）和方法力（引导能量的方式）。
- 意志力是一种可以被使用和补充的有限能量。你可以通过认识到自己的意志力在什么时候变弱，并运用各种方法建设它，来保证自己的意志力储备。
- 当我们感到饥饿、愤怒、孤独或疲倦时，意志力就会减弱。
- 方法力需要用到的技能可能我们之前就已经拥有了。
- 通过采用尝试新事物而不惧怕批评的方式来培养创造力，可以帮助你在追求梦想的过程中发展出更多的方法力，拥有更多新的选择。
- 因为希望让我们知道明天可能会有所不同，所以我们能够忍受今天的痛苦。

第 18 章 心中有希望，未来就可期

> **倦怠自救**

- 希望是复原力的关键组成部分。请列举出你生活中遇到的最大困难。你希望通过什么方式来改善这些状况？

- 请思考自己在哪些领域意志力薄弱，有哪些事情会消耗你的意志力？什么可以帮助你恢复意志力？

- 技能和知识是方法力的基础。你可以发展哪些新技能来增加你的创造力和扩充你的知识基础？你需要采取什么步骤来实现这一目标？

第 19 章

学会尊重失败，而不是害怕失败

Extinguish Burnout
A Practical Guide
to Prevention
and Recovery

失败是一件可怕的事情，会让人感觉不好受，有时候甚至是极具破坏性的。然而，学会尊重失败而不是害怕失败，是在生活中拥有复原力以及避免倦怠的一项重要技巧。

在本章中，我们将分别澄清什么是失败、怎么把人与结果分开，以及如何认清失败的客观必然性。

失败永远不是终点

失败是什么不难理解，就是结果没有达到预期。我们人类都害怕失败，且对失败的恐惧是根深蒂固的。

掉队

我们害怕失败的根本原因是担心自己会失去爱、不被欣赏、被社会抛弃。在过去，被驱逐出社群就相当于被判了死刑，因为我们想要活下去就必须是群体的成员，被流放意味着我们失去了他人的保护。但我们需要退一步想，虽然我们的恐惧有存在的意义，但它们仍然是相对没有根据的。

我们必须意识到，大多数人不再会被赶出社群、抛入荒野。我们有大量的社区项目和慈善组织，可以确保人们免遭公开的或身体上的伤害。虽然在历史上个体因表现不佳偶尔会被流放，但今天情况不同了。

但我们内心的声音很少会因为这些理由而平静下来。即使我们没有被放逐，我们的大脑也会推断我们会失去爱，甚至真的没人爱自己了。当然，这些已足够让人害怕了。这种假设认为，爱是有条件的，是基于表现的，只有当我们能够为他人做一些事情时，我们才会得到别人的爱。

无条件的爱

无条件的爱不受任何环境和条件的限制，也不因人们的行为而增加或减少。这种爱完全不同于基于表现的爱，后者是在你满足对方的愿望或标准时才给予你的爱，且是根据行为而决定是否给予的。

在我们的生活中，大多数人都曾接触过某种形式的基于表现的爱。如果我们做得好，或是成功了，就会获得表扬；如果我们失败了，就会感到不被爱了或是受到嘲笑。这种爱可能来自我们的父母，也可能来自我们的某位老师或教练，我们在哪里遇到这种基于表现的爱并不重要，但它确实已经在我们大多数人身上都留下了印记。我们没有意识到所有人都是有价值的，事实上，我们的内在价值远远超过我们能够为别人所做的事情。

当我们忘记所有人都是有价值的时候，就会为种族灭绝等暴行敞开大门。当我们带着同情心去联结我们的同伴并爱时，我们的大脑就会重新训练成无条件地去爱的模式，而不是基于对方的表现去爱。当我们能为别人这样做的时候，就很容易接受一种观念——即使失败了，我们仍然会被爱。

事情失败了，不等于人失败了

失败是又一次没有达到预期的结果。它是关于某件事而不是某个人的客观事实。我们可以说某个项目失败了，但我们不能说某个人是一个失败者。失败只是对某些情况或事物的评价，而不是对人的评价。但是无论是我们自己还是其他人，我们都太过频繁地将失败归咎于个人。无论人们是在某件事上失败，还是在很多事上都失败了，我们都不能说他们是失败者。

> 无论人们是在某件事上失败，还是在很多事上都失败了，我们都不能说他们是失败者。

想想许多经历了失败但是后来又成为伟人的名人。亚伯拉罕·林肯可能是美国历史上最好的总统，但在他成为总统之前曾经经历了一长串的失败。J.K. 罗琳（J. K. Rowling）的"哈利·波特"系列丛书可能已经卖出了数百万本，但是她在成名之前身无分文，甚至不知道该如何养活自己的孩子。有许多名人和受尊敬的人在生命的某个时刻，都曾被其他人贴上过"失败者"的标签。这些都为我们提供了客观的证据，证明不能说某个人就是失败者。

在面对失败时，重要的是要意识到有一种失败是概率性失败，比如棒球运动员击球失败。事实上，即使是职业棒球运动员也只有三分之一的机会击中球。如果你去计算一下的话，就会发现他们未击中球的比例要比击中的大。

倦怠心理学 /
为什么你什么都不想做，什么都不愿想

失败和成功一样有价值

谈到棒球，作为击球手的一方往往处在不利的位置。不仅仅是少数职业棒球运动员的击球命中率接近三分之一，而是所有运动员。在这种情况下，我们会意识到这就是最好的成绩，客观环境导致不会有更好的结果。然而，尽管意识到在某些情况下达到三分之一的平均分数就算不错了，但是我们还是会对自己抱有更高的期望。

我们期望自己所做的事情都能成功，即使不是一直都成功，也能在至少大部分时候都成功，对吧？我们不仅不愿意接受有时很难成功的事实，还不愿意接受有时不可能成功的事实。

在电影《星际迷航Ⅱ：可汗之怒》（*Star Trek II: The Wrath of Khan*）中，柯克船长是唯一通过小林丸测试的人。注意，该测试衡量的是你如何应对不可能的情况，所以通过测试应该是不可能的。我们都知道柯克作弊了，他为了获得有利的结果，重新对模拟程序进行了编程。他的回应是，他不相信会有不可能。

我们无法为了避免失败而重启人生，所以我们必须学会处理和接受失败。而让这一切变得困难的是，我们所有的朋友和熟人似乎都是成功的。他们找到了新的工作，他们的生活如同美国著名画家诺曼·洛克威尔（Norman Rockwell）的许多画作的真实再现，是那么甜美。

我们必须学会处理和接受失败。

为什么在朋友圈看到的都是光鲜亮丽的一面

在第9章中,我们谈到过微信朋友圈是如何被用来展示成功亮点的。它反映的都是美好时光,省略了所有失败和糟糕的时刻。对于大多数人来说,他们会在微信朋友圈上发布自己的成功,但当他们失败或摸索着前进的时候,则会安静地躲到角落里。他们很少会在这段时间发帖,除了偶尔可能会转发一个有趣的视频。因此,人们在微信朋友圈上发布的内容往往看起来就像一场精彩的集锦,全是成功,没有失败,只有好的一面,没有坏的一面。

问题是,不知什么原因,我们会在潜意识中相信微信朋友圈虚构的故事。我们认为,我们所看到的人的生活中没有失败。更重要的是,大多数微信朋友圈中的朋友其实根本就不是朋友。他们只能算是我们认识的人,我们只是看到了他们的部分生活,但无法看到他们的现实生活的全貌。在现实中,我们可能都没和微信朋友圈上的朋友见过面或者说过话。

我们无法删除失败,也不能跳过或忽略它,因为通过失败,我们可以学习和获得成长。

失败是你最好的学习方式

人们常说,托马斯·爱迪生是个乐天派。当他被问及在制造灯泡时的失败时,他回答说,那些失败只不过是自己成功找到的一万种不能制造灯泡的方法。爱迪生的决心令人钦佩,我们大多数人都会因为那么多次的失败而疲惫不堪,然而对爱迪生来说却意味着一万次的学习机会。虽然有时只是知道了"那种方法行不通",但是其他时候,那些实验却给他和团队留下了关键的线索,使他越来越接近成功。

当年美国海军成立战斗机学校(TOPGUN)时,就肩负了一个明确的使命:让飞行员无须承受真实空战失败所带来的代价,就能练习空战技能。当然,飞行员在空战训练时肯定会遭遇失败,甚至是几十次的失败,但是最终他们能够锤炼出生存的技能。他们从失败中学到的知识,可以使他们未来在与敌人交战时表现得更加优秀。

失败帮助你成为想要成为的人

在某些情况下,失败是致命的。比如,如果你在与敌人的战斗中失败,就可能会失去生命。然而在大多数情况下,失败并不是致命的。它可能会让人痛苦,可能会让人损失财产,但在大多数情况下,它并不意味着我们没有再次尝试的机会。

尽管有时候我们会成功,但总会有失败的时候。当我们开始接纳失败的时候,我们就能意识到这并非我们的世界末日。医生可能无法挽救患者,但他们知道自己已经尽力了;或者我们犯了一个错误并且现在也无能为力。这都没关系,很多时候,是失败帮助我们成为现在的自己以及我们想要成为的人。

第 19 章　学会尊重失败，而不是害怕失败

关于倦怠的小贴士

- 失败只是没有达到预期的结果。
- 失败是对事不对人的。人们可能会遭遇失败，但不能说他们是失败者。
- 无论做了什么或在什么事情上失败了，人都是值得被爱的。无条件的爱能够让我们对自己和他人更富有同情心。
- 每个人在生活中都会遭遇失败。失败是学习的契机，可以让我们知道怎样做可行，怎样做不可行。
- 从失败中学习，可以让我们成为我们想要成为的人。

倦怠自救

- 无条件的爱不是基于表现的。找出几个无条件爱你的人。这种爱如何让失败变得不那么可怕？
- 列举出三个你认为自己失败的情况。你从每一种情况中学到了什么，或者你是如何在这种情况下成长的？
- 找出一次自己明显遭遇失败的经历，同时对整个事件及其结果进行思考。思考这个失败是如何帮助你成为今天的你的？

第 20 章

把压力当垫脚石，
而不是绊脚石

Extinguish Burnout

A Practical Guide
to Prevention
and Recovery

第 20 章　把压力当垫脚石，而不是绊脚石

你可能听说过，压力管理不善有可能会害死人；你可能见到过，有些名人在压力状态下做出了错误的决定；你可能很清楚，压力对你没有好处。然而，事实上，你感到有压力不完全是坏事，适度的压力可以起到激励人的作用。

在本章中，我们将介绍压力的运作机制、它与倦怠的关系，以及你应该如何进行压力管理。

压力是导致倦怠的罪魁祸首吗

压力是个体感知到的对现状的威胁，它不一定是真正的威胁，也不一定是很大的威胁，关键在于你如何看待它。当你用眼角瞥见一根像蛇的棍子时，可能立马就产生了应激反应，但它实际上只是一根棍子。因此，是有害还是无害主要取决于你的看法。

最终，压力归根到底是你对自己控制程度的感知。如果你认为自己的控制力很强，那么你的压力水平就会比较低；如果你感觉几乎或者根本无法控制发生在自己身上的事，你就会有很大的压力，因为每一件小事对你可能都是潜在的威胁。

大多数人都感受过压力，但很少有人了解压力的反应机制，或者说，为什么短期的压力是有价值的，而长期的压力又具有破坏性。从根本上讲，我们的压力反应程序是在非洲平原上被设计出来的。压力的典型反应模式非常简单，就是看

到狮子然后做出应激反应——逃跑。

看到狮子的应激反应是一种适应性策略，用于调动资源逃离狮子。我们的身体有许多处于长期运行状态的项目，如我们的消化系统将食物转化为葡萄糖、我们的生殖系统准备着生育、我们的免疫系统在加强防御，但是如果我们无法解决眼前紧迫的问题（会命丧狮口），

> 压力反应可能会暂时停止长期项目的运行，集中我们所有的能力用于立即做出反应。

那么这些长期项目就失去了意义。因此，压力反应可能会暂时停止长期项目的运行，集中我们所有的能力用于立即做出反应。

长期这样做所带来的问题是会耗费能量。在我们做出压力反应的时候，能获得平常用于消化的能量固然好，但是重新启动消化系统的成本，比保持消化系统运转的成本要高，这也是身体通常继续让消化系统保持正常运转的原因。压力反应有点像短期小额现金贷款，明明知道成本很昂贵，但你现在需要钱，而且目前也没有其他解决办法，所以你只能这样做。

长期压力

短期内，动用额外的能量比狮子跑得快是可行的。但长期看来并非如此。人类具有重温过去和预测未来的独特能力。我们会创作故事，讲述发生了什么和可能会发生什么，这些故事可以引发压力反应。如果你在观看最新灾难大片时感到一点兴奋，这是可以接受的，但如果你把影片里的剧情变成了你的担忧，那就有问题了。

当你在担心自己的孩子过得怎么样、你下个月该如何偿还贷款、你什么时候能找到下一份工作，或者人类所有的成千上万种担忧你都有的时候，即使你不是故意的，但实际上你已经触发了压力反应。面对一头狮子往往是一个短期的问

题，会产生短期的压力反应，但是如何偿还贷款却是一个长期的问题。需要注意的是，压力反应原本不是被设计用来应对长期问题的。

长期的压力会带来诸多问题。生理上会导致免疫力低下、引发动脉硬化、缩短寿命。从神经学上讲，它与抑郁、疼痛管理不善和成瘾有关。不断有新的研究表明，长期持续的压力对我们有害，所以我们应该避免它。

压力反应

我们应对压力的方式是受三个因素影响的。

第一个影响因素是我们的基因，有些人对压力更敏感，有些人则没那么敏感。第二个影响因素是我们的经历，我们的经历塑造了我们的反应。一项著名的童年不幸经历（adverse childhood experiences，ACE）研究表明，人们在几乎没有控制能力的儿童时期所经历的压力事件，会对他们产生长期的影响。我们可以从自己的经历中学到知识，但学到的知识既有积极的也有消极的。我们从 ACE 研究的案例中可以看到，孩子们从童年的不幸经历中学到的是消极课程。第三个影响因素是我们如何对发生在我们身上的事情进行解释。我们对事情的解释可能会让我们从压力反应中平静下来，也可能会让我们小题大做。本书所做的大量工作都是在研究如何以不同的方式去理解和解读发生的事情。虽然我们对压力的解读技能只是我们应对压力的一个影响因素，但它的影响力很大。有的人虽然在基因方面欠缺一些，或者童年有糟糕的经历，但是如果能够对压力进行合理的解读，也是可以和压力保持积极的关系的。

"工作压力本身不会导致倦怠和抑郁"是《工作压力、倦怠与临床抑郁症的关系》（*The Relationship between Job Stress, Burnout and Clinical Depression*）一文得出的结论。尽管在有同行评议的学术期刊上得出了这样的结论，但词典对倦怠的定义仍然包含"由过度工作或压力引起的身体或精神的崩溃"。由于这个通用的定义提及了倦怠与压力的关系，因此你会发现许多文章和网页都将压力等同于倦怠，或者将压力列为倦怠的原因。

> 压力引起的资源低效消耗快速减少和耗尽了个体能动性，由此导致了倦怠。

一些最早的关于倦怠的文章指出，压力中的能量消耗是造成倦怠的原因之一，他们同时认为缺乏剩余能量是倦怠的特征。他们认为，并不是压力直接导致了倦怠，而是压力引起的资源低效消耗快速减少和耗尽了个体能动性，由此导致了倦怠。

由于早期的文献总把压力和倦怠联系在一起，因此许多作者包括词典作者都得出了"倦怠是由压力造成的"结论。当然，压力在此过程中扮演的角色是有害无益的，但它并不是导致倦怠的直接原因。问题来了：即使压力不是导致倦怠的直接原因而只是间接原因，你怎样做才能更好地管理压力呢？

减少压力带来的消极影响，避免倦怠

压力和倦怠的另一层关系是，防止倦怠的技术与管理压力的技术是相同的。在第5章和第6章中，我们讨论了几种帮助人们改善整体健康状况的技巧，这些技巧在管理压力时同样有效。我们还谈到了如何调整你的观念，调整你对压力源的看法可以减少它的影响，甚至让它完全消失。

但是还有三个非常有效的小技巧——欢笑、亲近大自然和冥想，我们还没有提及，它们具有独特的优势，可以在不改变压力源的情况下，帮助你更好地管理压力。

欢笑

据说欢笑是最好的良药。有许多学术文章表明,欢笑有很多好处,包括提高免疫力。压力已被证实会降低免疫力,而欢笑可以减轻压力。由此我们可以得出结论:欢笑不仅能改善免疫力,还能改善其他由压力而受损的健康因素。

在《内部笑话》(Inside Jokes)一书中,作者假设幽默是进化过程中形成的一种用于检查错误的程序,用来检查人类大脑中突然得出的结论是否有错。我们的模拟能力、读心能力和突然得出结论的能力对我们人类来说都是非常有用的,但我们肯定不可能总是保持正确。幽默是我们在结论中找出错误的一种方法,这样我们就可以在未来进行改进。

医学研究表明,欢笑在许多其他方面对健康也有积极的影响,可以帮助改善健康状况。欢笑不仅可以帮助管理压力,还能让人更加健康。所以如果你想减轻压力,就要想办法让自己欢笑。罗伯特曾在自己压力特别大的时候学习了脱口秀和即兴喜剧的课程,对于减轻他的持续性压力起到了一定作用。当然,当时并不是有意为之,只是恰好那样做了。

亲近大自然

世界上有很多研究都评估了大自然对人类的积极影响。人们发现幸福和环境因素之间存在联系。甚至有一些证据表明,绿色或自然环境可以改善人们的身心健康和幸福感。随着越来越多的人搬到城市中居住,人们越来越难得有机会充分享受大自然的美好。

在森林里悠闲地散步可以唤醒你所有的感官。与在城市里散步不同,在自然环境中散步可以降低人的皮质醇水平、交感神经活动、血压以及心率。我们往往没有去充分地感受大自然,没有意识到大自然能够帮助我们获得很好的恢复。花时间融入大自然，可以帮助我们变得更加健康、更具有创造力、更加富有同情心、更愿意与世界和他人交往。大自然的确是一个享受自我关怀的好地方。研究发现，每个月至少花五个小时亲近大自然，会对我们的健康非常有益。想办法享受大自然，可以帮我们减少压力的消极影响，进而降低倦怠的发生率。

冥想

人们对于什么是冥想存在很多困惑，并对什么才是正确的冥想方式，持有许多不同的观点。但实际上，冥想并没有对错之分，即使人们没有达到他们想要的冥想结果，也不能说他们的冥想是糟糕的。布罗妮·韦尔在《临终前的五大遗憾》一书中讲述了一个故事，一位已经练习了好几十年冥想的患者，在临近死亡时竟然发现自己无法进行冥想。马克·爱普斯坦（Mark Epstein）在《未给出的建议：克服自我的指南》(Advice Not Given: A Guide to Getting Over Yourself)一书中评论道："我的每位患者都希望以正确的方法进行冥想，而他们又都认为自己的方式是错误的，这让我感到震惊。"

> 冥想是关于当下的，而非假设的。当你走神的时候，你只需要将它引导回冥想，然后继续就可以了。

实际上，并不存在所谓正确的冥想方法。冥想主要有两种方法。第一种方法是把我们的思想集中在一件事情上，不管它是一个物体、一种感觉，还是一个过程（如呼吸）。冥想的另一种方法是有意识地活在当下，也就是说，试着有意识地去感知你周围正在发生的事情。请注意，冥想是关于当下的，而非假设的。当你走神的时候，你只需要将它引导回冥想，然后继续就可以了。

我们发现，简单的（有时是短暂的）呼吸冥想就可以帮助我们减轻压力。我们有一位最近比较焦虑和躁狂的朋友，在不吃药的情况下能够让她入睡的唯一方法就是引导她进行简单的呼吸冥想。关注自己的呼吸并进行计数能帮她有效地减轻压力，让她可以睡一会儿。顺便说一句，在冥想时睡着也不是一件坏事，你只需要在醒来后再回到冥想中就可以了。能够入睡也是成功减轻压力的一个标志。

冥想可以成为你有力的压力管理工具，还可以增加你对生活的思考。

> **关于倦怠的小贴士**
>
> - 压力是感知到的对现况的威胁。感知到的压力与我们认为威胁有多严重有关。
> - 生理压力反应原本旨在应对短期、即时的威胁。但随着时间的推移，我们已经将长期的压力源纳入了压力反应之中，这会导致许多长期的健康问题。
> - 我们个人的压力反应受到基因、我们的经历，以及我们如何解释所发生的事情等因素的影响。
> - 压力会降低个体能动性，个体能动性被耗尽后会导致倦怠。
> - 身体和心理上的自我关怀以及观念的改变，可以减少压力源的影响。
> - 欢笑、亲近大自然和冥想都有助于减少压力带来的消极影响，而压力的消极影响会导致倦怠。

倦怠自救

- 你的五大压力源是什么？思考一下你对每项压力源的控制感是怎样的？
- 想想你是如何看待压力源的。如果你想减少对压力源的恐惧，请思考一下应该如何调整你对它们的看法？请分别使用过去的压力源与现在的压力源进行练习。

- 除了调整观念，我们还介绍了欢笑、亲近大自然和冥想这三种压力管理技巧。选择其中一个尝试一下，并讲述一下你在体验之后有什么样的感觉？

第 21 章

你影响不了整个世界，
但足以改变一个人的世界

Extinguish Burnout

A Practical Guide
to Prevention
and Recovery

我们的观点不可能完全正确，因为我们的看法不可能完全符合现实，只能说是接近现实。我们的大脑在不断努力地使我们的感知与现实相匹配，然而结果却无法达到理想状态。有时候，我们的偏见会制约我们，我们更倾向于接受与我们一致的观点，低估那些不符合我们世界观的见解。

请想象一下，你在一间黑暗的房间里摸索，你只能靠记忆来引导自己。你向前挪了一步，脚趾撞到了记不太清楚的咖啡桌腿上。由于你的感知（你对房间的记忆）与现实（家具的实际位置）不符，因此你的脚趾被撞得很疼。同理，我们需要依靠感知来指导我们的行动，把灯尽可能多地打开，让我们的感知与现实保持一致是很重要的。

这就是本章要探讨的内容——如何让我们的感知与现实更加一致。

试着了解他人的观点才能多角度看问题

你是否有过这样的经历：你和朋友或家人一起回忆一件很久以前的事情，但是却发现不同的人对同一件事的记忆是不同的。有人记得当时你在旅行车里，而有人记得你当时是在你家的雪佛兰轿车中。哪一个是正确的呢？如果没有照片作为证据，就可能很难证明故事的哪个版本是对的。这是针对过去记忆的情况，其实在评估当前状况时，也可能会发生同样的事情。

老师们会经常怀疑自己是否对学生们产生了积极的影响。因为每年当上一批学生毕业离校几个月后，就会有一批新的学生到来，仿佛一切又回到了原点。老师们教授的内容与教给上一届学生的相同，这让老师们怀疑自己没有改变任何事情，他们会在心中疑惑自己是否起到了任何作用。

就在去年年底，老师们仍然能看到上一批要毕业的孩子身上存在一些不足，有些东西是老师在有限时间内无法给予他们的。毕业后，老师也没听到过他们的消息。老师们只能自己去感知自己对学生们的生活带来了哪些影响。从老师的视角看，他们很容易认为自己无所作为。但如果老师们能在夏天的聚会上亲耳听到孩子们谈论他们从老师那里学到了多少知识，以及这让他们拥有了哪些新的选择，老师们也许就能够调整自己的视角和观点，知道自己实际上是给孩子们的生活带去了变化的。

> 我们能够获得多重视角的最好方法是，试着了解其他人对同一问题的观点是什么。

我们能够获得多重视角的最好方法，不是自己从多个角度看问题；相反，最好的方法是，试着了解其他人对同一问题的观点是什么。

消除自己与他人的观点之间的盲点

我们每个人都有盲点。实际上，我们每只眼睛的视神经连接处都有一个盲点。如果不依靠一些帮助，我们是无法看到自己的后脑勺的。虽然有些镜子可以帮助你看到你的后脑勺，但在大多数情况下，让别人来看你的后脑勺上是否有东西会比自己看更加容易，也更切实可行。

我们除了字面上的盲点之外，还有比喻意义上的盲点。我们在这些地方缺乏支撑感知的现实，或者根本就没有感知。这类盲点其实非常惊人地普遍，就像我们的实际盲点隐藏在我们的观念中一样。人生的美妙之处在于，我们周围的人可能并没有同样的盲点。因此，我们可以通过将我们自己的观点与他人的观点整合在一起，以在最大程度上降低盲点对我们的影响。

无法给这个世界真正地留下什么，也不失为一种洒脱

在第 20 章中，我们花了一些时间来发现和理解我们的目标，但最后并没有指出我们的目标是否真的重要。在生活中，我们错过了很多目标，也因为发现有些目标不可能成功就放弃了很多目标；有时候，虽然我们有目标和计划，但因为缺少合适的时机，所以也没有取得任何进展。

以我们的亲子儿童安全卡为例。我们的设计初衷是想为孩子和父母搭建一个沟通交流的框架，来教授孩子和父母一些安全知识。我们早在 2015 年就已经开发出了该产品，但到现在为止，我们还没有获得分销渠道来推广我们的产品。说不定什么时候我们不得不放弃这个项目，但也许突然哪天这个项目会大获成功。如果我们不能在这个项目上取得进展，那么可想而知我们将会是怎样的感受，我们很可能会因此感到倦怠。

有时候尽管我们想要达到某个目标，但目标并不一定会以我们期望的时间或者方式实现。在这种情况下，重要的是要后退一步去思考什么才是真正重要的。

我们目前设定的大部分目标在一千年以后都不再重要了。几乎没有什么事物是能够保存数千年的。埃及金字塔、英国巨石阵以及约旦佩特拉古城遗址已经存在了一千年，然而能幸存下来这么久的东西毕竟很少。

即使我们把时间缩短到一百年，我们可以设定为有意义的目标仍然数量稀少。有句话叫作"百年树人"，对人才的培养可能需要上百年的时间。但这些职业成就又能被记住多久？这种想法可能刚开始会令人沮丧，因为我们无法给这个世界真正地留下什么，但如果换个角度，那也不失为一种解脱。

大目标，小行动

> 当我们不再认为自己必须在某个目标上取得惊天伟业，而是只要能将一个宏大的目标向前推进很小的程度就足够了的时候，我们就会得到解放。

当我们不再认为自己必须在某个目标上取得惊天伟业，而是只要能将一个宏大的目标向前推进很小的程度就足够了的时候，我们就会得到解放。当我们不再幻想使世界做出巨大改变的时候，就可以专注于做自己能做的事情，而不去担心自己做的是否足够好。

两个男孩在海滩上散步，成千上万的海星被搁浅在沙滩上。当他们路过时，其中一个男孩不断地捡起海星，把它们轻轻地扔回到海里。另一个男孩难以置信地问："你在做什么？你扔掉那几个起不了什么作用。"但第一个男孩仍然静静地捡起一只只海星扔回海里，然后说："这样做对于被扔的那只很重要。"

从长远来看，我们的行为可能并没有什么永恒的意义。然而，对于那些我们接触到的人来说，我们的行为可以改变很多事情。

与他人相关

如果你正在为自己的目标努力奋斗，但却感觉不到有什么进步，那么你可以问问自己，你设定的目标是和自己相关，还是和他人相关。

第 21 章　你影响不了整个世界，但足以改变一个人的世界

> **关于倦怠的小贴士**
>
> - 我们的观点仅代表我们自己的看法。我们希望你自己的观点与现实相符而不是不符。
> - 要想评估自己的观点是否与现实相符，寻找实物证据和参考他人的意见是非常有用的方式。
> - 在制定和评估目标时，要考虑真正重要的是什么。
> - 你对世界的影响可能没有你想的那么大。
> - 你对一个人的影响可能会改变他的整个世界。

倦怠自救

- 你感觉在自己的目标上取得了怎样的进步、成功和影响。请厘清你的感受，然后向一位你信任的和了解你目标的人询问，他是如何看待你取得的进步、成功和影响的。你们两人的观点存在哪些异同？
- 思考一下你的目标以及它们对个人和社会产生的影响。你对一个人的影响是可以改变那个人的世界的。

第 22 章
超然于世，而不是脱离遁世

Extinguish Burnout

A Practical Guide
to Prevention
and Recovery

第22章 超然于世，而不是脱离遁世

倦怠导致的后果之一是脱离，即退出生活，对他人漠不关心。比较奇怪的是，预防倦怠或消除倦怠最有效的方法之一却是超然，似乎与脱离很像。乍一看，似乎很难区分积极健康的超然与消极的脱离。而事实上，超然可以去除依恋对你的制约，而脱离会让你与他人隔阂。

脱离意味着退出生活、对他人漠不关心

大多数人时不时地会在自己和认识的人身上发现脱离这种现象。比如，有人突然不再关心他们曾经喜欢的汽车俱乐部，他们不再参加棋牌协会每周举办的赛事活动了，他们的获奖证书及奖牌被丢到了角落，他们退出了曾经喜欢做的事情，与生活发生了脱离。

脱离通常表现为不再关心某些活动或群体。更强烈的表现是一种精疲力竭的感觉，让人觉得懒得费劲去投入精力做事情，感觉根本不值得那样做。脱离是一种明确的信号，表明某些事情正在朝着错误的方向发展。难怪当人们减少对某些活动的参与时，他们经常能感觉到脱离的发生，而且心理健康专业人士也对这种情况比较警惕。

> 脱离是一种明确的信号，表明某些事情正在朝着错误的方向发展。难怪当人们减少对某些活动的参与时，他们经常能感觉到脱离的发生。

倦怠心理学
为什么你什么都不想做，什么都不愿想

脱离是一种不好的现象，是抑郁等问题即将到来的征兆，它与超然是两回事。

所有的执念只会带给你痛苦

心理健康专家们认为，依恋是积极的、必要的，孩子们需要依恋他们的父母。然而，东方的一些宗教观点却认为，执着会使人们在轮回中循环，阻止涅槃。他们还认为，生活是痛苦的，依恋会让我们一直处在痛苦中。这种观点虽然有其可取之处，但它并不能让我们在日常生活中感觉良好。

更现实地说，我们的依恋具有暂时性，它们是我们迟早要失去的东西。如果我们执着，那么当我们必须放手的时候就会感到痛苦。比如，当我们从一个家搬到另一个家时，即使是搬到一个更大的家，我们也会因为对旧家的留恋而产生不舒服的感觉。

负债问题对我们来说并不陌生。在你能偿还债务之前，你肯定会受到一定的束缚。因为我们都需要有住的地方和交通工具，因此我们必须按时偿还房贷和车贷，直到贷款还清为止。由于每个月都有账单，因此我们还需要每个月都按时支付账单才能保住我们的房子和车子。到最后，我们变成了为这些东西工作，而不是为了我们自己工作。太多人由于需要还贷而无法从事有意义的工作，因为如果薪水较低的话，他们根本赚不到足够的钱来偿还债务。很显然，这些人已经被他们拥有的东西困住了。

> 如果我们抓住过时的东西不放，这些东西就会阻碍我们继续前进。

由此可见，是我们拥有的物品决定了我们能做什么和不能做什么，所以实际上是这些物品控制了我们。为了购买我们需要的物品，我们必须努力赚钱。有时候似乎是我们拥有的物品给我们设定了生活规则。这可能会让人痛苦，因为我们花了太多的时间在工作上，以解决我们衣食住行等生存保障问题，这会阻止我们去做我们想做的或者我们应该做的事情。从这个意义上来说，依恋也可以被看作一种债务，因为它限制了我们的能力。如果我们抓住过时的东西不放，这些东西就会阻碍我们继续前进。

因此，超然不是指我们与他人脱离关系，而是指将我们从对事物和思想的依恋负担中解放出来。

世事无常，把一切放到时间的长河中去看

佛教的核心思想是认为一切都是暂时的，这也是人生的真理。伟大的法老们试图用碑石来保住他们在这个星球上的地位，但许多碑石都已经消失。有多少被发现的金字塔已无法确认主人是谁？有多少碑石已不复存在或近乎消失？人们在保存它们的过程中付出了巨大努力，但这并不能证明永恒，也无法说明人们拥有经得起时间考验的能力，它仅仅证明我们能够瞥见一段被遗忘已久的时光。

我们很容易变成宿命论者，并质疑如果一切都是暂时的，那么我们为什么还要在意一切？关于这个问题的答案，会影响你选择做什么以及你对所做事情的看法。你会不再寻求获得物质上的东西，因为它们是无常的，而是转向追求有深度的人际关系和帮助同伴。与其关心我们能做什么、证明什么、制造什么、衡量什么，不如把重点转移到如何与他人建立关系，以及如何建立更深层次的关系上。世事无常，但只要你知道自己是在积极地推进人类发展，这就足矣。

虽然一切都是短暂和转瞬即逝的，但是当我们致力于为他人的生活添砖加瓦时，就可以帮助我们避免倦怠，创造一个更加美好的社会。在此过程中，同情心也能给我们正确的指引。

为他人的生活添砖加瓦，就是在帮助你避免倦怠

慈悲或者爱是每个主流宗教的核心，这一事实可能并不偶然。我们需要相互关怀并非只适用于过去，也不是一种不切实际的幻想。对自己和他人的同情，已经融入了我们的生命。我们不仅可以在不到两岁的孩子身上看到这一点，也能在计算机模拟中看到它的存在。简单地说，无论你在哪里，揭开人性的面纱，你都能发现同情心。

正是慈悲之心阻止了我们由超然变为脱离。我们对他人以同情形式存在的关怀，并不会因为超然而减少。当怀有慈悲之心的时候，我们不希望脱离，脱离实质上是背弃和攻击我们的同胞。

参与其中，但不必在意结果

不健康的脱离与健康的超然的区别在于，超然是一个积极主动的过程。这并不是说，你不再参与活动、不再与人交往，而是你决定对结果保持超然的态度。

以宾戈（Bingo）填写格子的游戏为例，脱离的人不愿意参加游戏，而超然的人会去玩游戏和寻找乐趣，并且不在乎输赢。脱离的人无法让自己活在当下，无法与他人交往。而超然的人追求与人交往，在被叫到号码的时候会随叫随到，毫不在乎自己是否会赢。

> 超然不是不参与活动，超然的人会参与其中但不在意结果。

超然不是不参与活动，超然的人会参与其中但不在意结果。他们不认为自己能控制结果，因此也就不去担心结果。

你不必为你不能控制的事情负责

我们都希望自己能够掌控一切。我们认为自己能够控制自己的生活，但我们却时常忘记我们的生活因意外的疾病或伤害而发生变化的时刻。我们很容易就忘记在失去上一份工作后，我们花了多长时间才重新找到工作。一旦结婚，我们似乎就忘记了约会曾经有多么难。因为我们不再需要去记住这些。实际上，我们是在骗自己说我们的生活一直处在我们的掌控之中。我们盲目地认为环境不重要，重要的是我们的意志力、技能和坚持。

问题是，我们真正能控制的事情很少。可能有人会认为，我们控制着自己的行为，或者说，我们至少在很大程度上控制着自己的行为。可是，虽然我们的许多行为都处于自我控制之下，但更多的行为发生在我们激动、愤怒或受伤的时刻。因此，即使是我们控制自己行为的能力也是值得怀疑的。如果我们尝试过冥想，就会清楚地意识到，我们并不能真正地控制意识中的想法，至多只能去引导它们。

倦怠心理学
为什么你什么都不想做，什么都不愿想

当我们面临"为什么要努力"这样的问题时，我们可以回答："无论我们是否有责任和控制能力，但通过努力，我们都可以推动人类朝着更加积极的方向发展。"

关于倦怠的小贴士

- 脱离是倦怠的一种结果。
- 超然与脱离不同，超然将我们从对事物、想法和结果的依恋中解放出来。
- 专注于建立人际关系和帮助他人，可以帮助我们避免倦怠。
- 同情心促使我们想要帮助我们的同胞。有了同情心，我们就不会想要脱离。
- 超然可以让我们参与到生活中，而不是执着于结果。
- 我们不能对我们无法控制的事情负责。我们真正能够控制的事情很少，但是，一旦我们意识到我们不能对这些事情的结果负责，就会变得超然并全力以赴。
- 我们可以自由地去影响世界，而不必为拒绝改变的世界负责。

倦怠自救

- 你工作的目的是什么（比如有能力购买房子、汽车、游艇等）？这些东西给你带来的是快乐还是负担？
- 回顾你的多个角色，你发现哪些领域是你无法控制但仍然感觉自己需要负责的？
- 当你懂得不必对自己无法控制的事情负责的道理后，仔细回想一下，你有哪些不可控的事情没有达到你的期望结果的经历？

Extinguish Burnout : A Practical Guide to Prevention and Recovery

ISBN: 978-1-58644-634-5

Copyright © 2019 by Robert and Terri Bogue

Authorized Translation of the Edition Published by the Society for Human Resource Management (SHRM).

No part of this publication may be reproduced, stored in a retrieval system or transmitted in any form or by any means, electronic, mechanical photocopying, recording or otherwise without the prior permission of the publisher.

Simplified Chinese rights arranged with SHRM through Big Apple Agency, Inc.

Simplified Chinese version © 2022 by China Renmin University Press.

All rights reserved.

本书中文简体字版由 SHRM 通过大苹果公司授权中国人民大学出版社在全球范围内独家出版发行。未经出版者书面许可，不得以任何方式抄袭、复制或节录本书中的任何部分。

版权所有，侵权必究。

北京阅想时代文化发展有限责任公司为中国人民大学出版社有限公司下属的商业新知事业部，致力于经管类优秀出版物（外版书为主）的策划及出版，主要涉及经济管理、金融、投资理财、心理学、成功励志、生活等出版领域，下设"阅想·商业""阅想·财富""阅想·新知""阅想·心理""阅想·生活"以及"阅想·人文"等多条产品线，致力于为国内商业人士提供涵盖先进、前沿的管理理念和思想的专业类图书和趋势类图书，同时也为满足商业人士的内心诉求，打造一系列提倡心理和生活健康的心理学图书和生活管理类图书。

《逆商：我们该如何应对坏事件》

- 北大徐凯文博士作序推荐，樊登老师倾情解读，武志红等多位心理学大咖在其论著中屡屡提及。逆商理论纳入哈佛商学院、麻省理工MBA课程。
- 众多世界500强企业关注员工"耐挫力"培养，本书成为提升员工抗压内训首选。

《坚毅力：打造自驱型奋斗的内核》

- 逆商理论创始人保罗·G.史托兹博士又一力作，作者在本书中提出的是"坚毅力2.0"的概念——最佳的坚毅力，它是坚毅力数量和质量的融合，即最佳的坚毅力是好的、强大的和聪明的坚毅力合体。
- 这是一本理论+步骤+工具+模型+真实案例分析的获得最佳坚毅力的实操书。
- "长江学者"特聘教授、北京大学心理与认知科学学院博士生导师谢晓非教授作序推荐。